大人のための高校物理復習帳

役立つ物理の公式28

桑子 研 著

装幀／芦澤泰偉・児崎雅淑
カバーイラスト／マツモトナオコ
本文イラスト・図版／いたばしともこ
本文デザイン・図版／フレア

はじめに

　私たちの身近にあふれる現象の多くは、高校物理の知識があれば説明できたり、わかるきっかけになったりします。でも、高校で学んだことを何か覚えていますか？
「$ma=F$ は見たことはあるぞ。でも、なんだっけ？」とか、「左手を使ってなんかいろいろやったなぁ」など、あまり記憶に残っていない人が多いのではないでしょうか。

　小学校や中学校までの理科は、自然の法則を具体的に感じることができる内容でした。しかし高校の物理になると、文字式を使って計算をすることも大切になるため、どうしてもムズカシクなってきます。そして試験前に慌てて公式を覚えて、試験が終わるとあら不思議、「物理は難しい！」という記憶だけが残ってしまうのですね。

　本書は高校時代に一度は覚えたであろう、そんな「公式」を鍵にしました。「今さら公式？」なんて思わないでください。一見複雑な物理の世界を、ぎゅっとシンプルに凝縮したのが公式です。公式がどんな意味を持っていて、何に役立っているのかがわかれば、さまざまな自然現象を見る視野が一気に広がります。

　私は毎日中高生に物理を教えている教師です。生徒たちに物理の面白さを伝えるために、授業ではさまざまな工夫をしています。それが成功することもあるし、失敗して苦い経験となることもあります。そんな経験に加え、高校生

とは違った大人ならではの理解の仕方という視点でも工夫を盛り込んで、本書をまとめました。もう一度物理を理解しなおしたい、何に役立つのか知りたいと思う、そんな人のための知的な「実用書」です。

また、本書と連携するかたちで物理実験を映像に記録し、ネット上で見られるようにしています。抽象的な数式や原理も、実際の物理現象とあわせて捉えると、一気に理解が深まります。また、どれも身近な材料を用いていますので、読者のみなさんもぜひご自宅などでチャレンジしてみてください。

本書は、どこから読み始めてもよいように書いてあります。肩の力を抜いて、パラパラッとめくって気になったところから読んでほしいと思います。読み終えたとき、それまでうろ覚えだった公式の向こう側にある物理現象を身近に感じてもらうことができれば、筆者としてこれほど幸せなことはありません。

桑子 研

特設サイトで実験動画や写真を公開

本文中に www xx-x のマークがあるものは、特設サイトにて実験動画や実験写真、関連した解説記事などがご覧になれます。特設サイトには下記URLからアクセスしてください。

http://phys-edu.net/bluebacks.html

目 次

はじめに …………………………………………………… 3

 Part 1 力学 運動に隠されたメカニズム …………… 13

1 運動方程式 **力学のすべてはこの式からはじまる** …… 15

$$ma = F$$

2 重力の公式 **質量と重さの違いとは？** …………… 24

$$W = mg$$

3 等加速度運動の公式 **未来はこの式で予測できる** …… 34

$$\langle 位置の公式 \rangle \quad x = \frac{1}{2}at^2 + v_0 t$$
$$\langle 速度の公式 \rangle \quad v = at + v_0$$

4 慣性力の公式 **加速している人だけが感じる力** …… 45

$$F = -ma$$

5

5 圧力の公式　**力の効きめと面積の関係** ……58

$$P = \frac{F}{S}$$

6 力のモーメント　**物体を回転させる力** ……68

$$M = F \times L$$

7 力学的エネルギー　**エネルギーや仕事って何？** ……77

$$E = \frac{1}{2}mv^2$$
$$E = mgh$$

8 力学的エネルギー保存の法則
ジェットコースターの速度が計算できるすごい法則 ……84

はじめの力学的エネルギー
　＝あとの力学的エネルギー

9 運動量とその保存　**衝突や分裂にも法則があった** ……93

$$P = mv$$

10 万有引力の公式　**宇宙をつらぬく不思議な力** ⋯⋯⋯⋯ 105

$$F = G\frac{Mm}{r^2}$$

 熱力学　粒子の動きで熱を捉える ⋯⋯⋯⋯ 113

11 熱量の公式　**熱と温度の違いって何？** ⋯⋯⋯⋯⋯⋯⋯⋯ 115

$$Q = mc\Delta T$$

12 熱量保存の法則　**温度変化には原因がある** ⋯⋯⋯⋯ 124

高温物体が「失った熱量」
　＝低温物体が「得た熱量」

13 ボイル・シャルルの法則

閉じ込められた気体のルール ⋯⋯⋯⋯⋯⋯⋯⋯⋯⋯⋯⋯⋯⋯ 127

$$\frac{PV}{T} = 一定$$

14 熱力学第1法則 熱も含めたエネルギーの保存 ……… 132

$$Q = \Delta U + W_{シタ}$$

 **波動** 波の仕組みで音や光を解き明かす ……… 141

15 波の式 波の動きを表す ……… 143

$$v = f\lambda$$

16 波の重ね合わせの原理 楽器の音が鳴る仕組み ……… 154

$$y = y_1 + y_2$$

17 ドップラー効果の公式

救急車のサイレン音はなぜ変化するのか ……… 164

・音源が近づく場合

$$f = \frac{V}{V - v_s} f_0$$

・音源が遠ざかる場合

$$f = \frac{V}{V + v_s} f_0$$

目 次

18 凸レンズの公式　**光の操り方** ……… 175

$$\frac{1}{a}+\frac{1}{b}=\frac{1}{f}$$

Part **4** **電磁気**　電気と磁気が手を組むと力が生まれる ……… 185

19 静電気力の公式　**目には見えない静電気の力** ……… 187

$$F=k\,\frac{q_1q_2}{r^2}$$

20 電場から受ける力　**電気の世界を「見える化」** ……… 194

$$F=qE$$

21 オームの法則　**回路に流れる電流と電圧の関係** ……… 203

$$V=IR$$

9

22 直列・並列接続の公式
豆電球の明るさの違いとつなぎ方················211

$$R = R_1 + R_2$$
並列接続の公式
$$\frac{1}{R} = \frac{1}{R_1} + \frac{1}{R_2}$$

直列接続の公式

23 電力量の公式　**電気エネルギーの量り方**················219

$$W = Pt$$

24 コンデンサーの公式　**電気をためるシンプルな装置**······226

$$Q = CV$$

25 電流の作る磁場の公式　**電気と磁気の関係**················232

$$H = \frac{I}{2\pi r}$$

26 導線が磁場から受ける力の公式
電気と磁気のコラボレーション ……………………… 242

$$F = LIB$$

27 電磁誘導の公式　逆の発想で発電ができる ……… 258

$$V = -N \frac{\Delta \phi}{\Delta t}$$

28 変圧の公式　交流電流を使う大きなメリット ……… 270

$$V_1 : V_2 = N_1 : N_2$$

おわりに ……………………… 278
参考文献 ……………………… 280
さくいん ……………………… 281

Part 1 力学
運動に隠されたメカニズム

「力学」と聞くと、何をイメージしますか？
　歯車やテコなど、時計の中身のようなものを想像するのではないでしょうか。これらの物体の運動や力のはたらきは、物理の中の「力学」という分野に含まれます。
　力学は物理の中でも基礎となる部分で、高校でも多くの生徒ははじめに力学を学習します。力学は私たちの目の前にある現象で、実用性の高さが特徴です。身近な現象から天体の運動まで、さまざまなことが計算できるようになります。また公式がわりあい多く出てきますが、それぞれ意味するところがイメージしやすいので意外に難しくはありません。力学さえわかれば、高校物理の半分はクリアーしたようなもの！　さて公式ひとつひとつの意味を紐解いていきましょう。

1 運動方程式
力学のすべてはこの式からはじまる

公式

$ma = F$
質量 × 加速度 = 力

「$ma=F$か。何か見たことあるなぁ」

この公式を**運動方程式**といいます。この式は高校物理で最も有名な公式なので、覚えている人も多いかもしれませんね。

さてここで質問。小さな子どもに「力」とは何かわかりやすく説明できますか？

力は実体がないため、意外に答えにくいと思います。じつはこの運動方程式は「力とはこういうものだよ！」と説明した式なのです。スケート場に行ったときをイメージしてください。スケートリンクでいたずらをして子どもの背中を「ドン！」と一押しすると、子どもは押された方向に動き始めます。力を加えると、子どもの速度が変化（加速）します。運動方程式の右辺は加えた**力** F を、左辺の a は**加速度**を示しています。つまり、「力とは物体を加速させる能力である」と運動方程式では定義しているのです。

その他に運動方程式には m という記号もついていますよね。m は**質量**を示しています。なぜ、力に質量が関係するのでしょうか。スケートリンクで子どもではなく、より

質量の大きな大人を押してみましょう。子どもよりも勢いがつきにくい、言い換えれば加速しにくいのがわかります。つまり加速度 a と質量 m は反比例の関係にあります。$ma=F$ を a について解くと、

$$a = \frac{F}{m}$$

となり、分母に質量がくるので、質量が大きいと加速しにくくなることを示しているのがわかります。

力は日常生活では感覚として私たちは感じており、なんとなく大小がわかります。でも感覚は人それぞれなので、力の大きさを正確に比較することができず不便です。そこで力学では運動方程式を使い、1 kg の物体を 1 m/s^2 の加速度で動かすために必要な力を 1 と決めて、単位を N(ニュートン) としました。

実感として覚えておくことは大切です。10 N を感じてみましょう。買い物のときに牛乳パック（1 kg）を手に持った感覚、それが 10 N の力です。では 1 N はというと、約 100 g の単 1 乾電池を手にのせたときに感じる力がおよそ 1 N に相当します。

公式の利用

力のつり合い

机の上に置いたリンゴには、次の図のように**重力 W** と**垂直抗力 N** という 2 つの力がはたらいています。

1　運動方程式

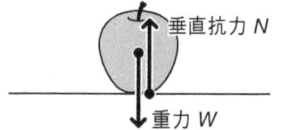

Wは重力を、Nは垂直抗力を表す

　垂直抗力とは聞き慣れない言葉かもしれません。床の上に長い時間立っていると、足が痛くなりますよね。これは体重を支えるために、床から上向きの力を受けていることによります。この力が垂直抗力です。

　リンゴも私たちと同じように机の上に「立っている」ので、垂直抗力を受けます。運動方程式を使って、重力と垂直抗力の大きさについて考えてみましょう。机の上に置いたリンゴは止まっているので、運動方程式の左辺の a に 0 を代入すると、

$$m \times 0 = F \Rightarrow F = 0$$

力 F がゼロになりました。

　でもリンゴには重力と垂直抗力がはたらいているので、力がないわけではありません。じつは運動方程式の F は「全部を合わせた力」、または「残った力」を示しており、$F=0$ ということは「リンゴにはたらく力はこのとき残っていない」といっているのです。このことから、重力と垂直抗力は同じ大きさであることがわかります。

$$N = W$$
上向きの力＝下向きの力

　同じ大きさで向きが上下逆の力が打ち消し合い、結果ゼロになったのです。たとえばリンゴの重力が1Nだとすれば、机が支える垂直抗力も1Nとなり、上下で打ち消し合ってゼロになります。これを**力のつり合い**といいます。静止したものは加速度がゼロなので、力は必ずつり合っています。

　またこのリンゴを水に入れたとき、リンゴがぷかぷかと浮かんで静止していたとします。静止しているので力はつり合っているはずです。でも床の上ではないので、垂直抗力ははたらきません。重力は地球上ならどこでもはたらくので、下に引っ張ります。このとき重力とつり合う上向きの力は何なのでしょうか？

　答えは浮力です。水の中では物体は浮力という、水圧によって生まれる上向きの力を受けます。リンゴの重力が1Nなら、浮力も力のつり合いより1Nだということがわかります。

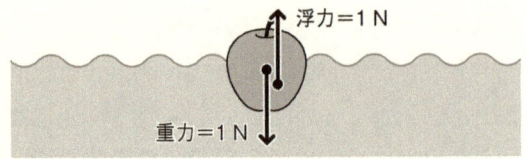

　静止しているのならば、必ず重力を支える何かがある。そんな目で周囲を見渡すと、いろいろな力が見えてきます。

じつは静止していなくても、力がつり合っている場合があります。「そんな馬鹿な！」と思うかもしれませんが、よく考えてみると加速度＝0のときは、静止以外にもあると思いませんか。

加速度0とは速度が変化しない運動……そう、同じ速度で動き続けていれば、速度変化がないので、力はやはりつり合います。たとえばカーリングのストーンはスーッと等速（同じ速さ）で動き続けます。このときストーンには重力と垂直抗力以外の力はなく、力は合計でゼロになっています。

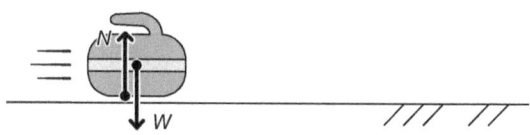

このように、物体は力がはたらいていなければ、初めに持っていた運動を続けます。この性質を**慣性**といいます。このように考えると、静止は速度0の**等速度運動**といえます。

力がつり合わない場合

カーリングのストーンを氷の上ではなく、絨毯の上で滑らせたところをイメージしてください。すぐに速度は落ち、止まってしまいます。

Part 1　力学

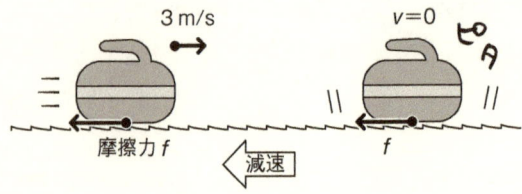

　運動方程式（$ma=F$）をもう一度見てみましょう。a は加速度、つまり速度の変化を示すものです。よって図のように減速した、つまり加速度が左を向いたということは、力が左向きに残っていることになります。このときストーンにはどんな左向きの力が残っているのでしょうか。もうおわかりですね。犯人は摩擦力です。**摩擦力 f** が左向きにはたらくため、ストーンは速度を落としていくのです。

　もし摩擦力がなければどうなるでしょう。力のはたらかない物体は減速できないので、止まることもできません。ストーンは、初めに滑らせた速度で動き続けます。宇宙空間を飛び続けている彗星も同じです。エンジンがないのに動き続けるのは、摩擦力や空気抵抗のような運動を妨げる力が宇宙にはないからです。

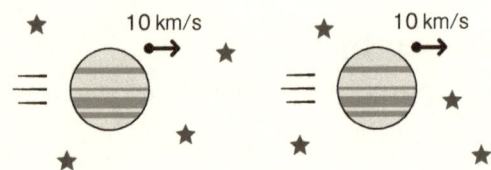

運動の3つの法則

　科学者のニュートンは、力と運動についての3つの法則をまとめました。

それよりはるか昔、紀元前の学者であるアリストテレスは、物体の自然な状態は静止であり、物体が運動するためには、運動状態にかかわらず（加速でも等速でも）力が必要だと考えていました。すべてのものはほうっておけば止まるため、私たちの感覚とマッチした考え方です。この権威あるアリストテレスの考え方は（私たちが偉い人の考え方をそのまま信じてしまうのと同じで）、その後ずーっと信じられてきました。

しかしそれからおよそ2000年後、イタリアの物理学者ガリレオ・ガリレイは、「それは違う！」と疑問を投げかけました。ガリレイは「空気抵抗や摩擦力がはたらかなければ、物体は速さが変わらずに動き続ける」と考えました。のちにニュートンは、これを運動の第1法則「**慣性の法則**」としました。

運動の第2法則は「**運動の法則**」で、これは運動方程式のことです。力がはたらけば、物体は加速することを示しています。アリストテレスとは違い、「加速」と「力」を関連づけているところがミソです。

運動の第3法則は「**作用反作用の法則**」です。たとえば、暴れものの幼稚園児Aが、別の園児Bに頭突きをした場合を考えてみましょう。

Part 1　力学

　園児Bにたんこぶができて痛いのは当然ですが、頭突きをしたAにも同じくたんこぶができます。このように物体同士が力を及ぼしあうとき、Bのたんこぶを作った力（作用力）と、Aのたんこぶを作った力（反作用力）の力のペアが必ず現れます。このとき作用力と反作用力は同一直線上にあり、大きさが等しく、互いに逆向きになります。これを作用反作用の法則といいます。

　私たちは日常生活で、作用反作用の法則を知らず知らずのうちに利用しています。水泳のターンでは壁を思い切り蹴り、反作用力を利用して反対方向への力を得ています。また、ペットボトルロケット（水ロケット）という科学おもちゃがあります。ペットボトルロケットは、その内部に少量の水と圧縮空気を入れ、圧縮空気の力を使って水を外部に噴出しながら飛びます。これは水を後ろに押し出すことによって、反作用力による前向きの推進力を得るためです。宇宙に行く本物のロケットも同様で、ガスを後ろへ噴出し、その反作用力を使って加速しています。

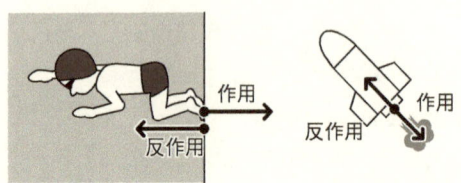

　作用反作用の法則をうまく用いると、500 mLのペットボトル2本で30 mも飛ぶペットボトルロケットをかんたんに作ることができます🅦🅦🅦 1-1 。

1 運動方程式

慣性とテーブルクロス引き

　大工さんが使う「かんな」。そのかんなの刃を抜くとき、大工さんはかんなの台を金槌でトントンと叩きます。刃を抜きたいのに、刃そのものではなく台を叩くのはなぜでしょうか。少し難しい言い方になりますが、質量は物体の動きにくさ、つまり慣性の強さを示しています。質量の大きな金属でできたかんなの刃ではなく、質量の小さな木の台を叩いたほうが、同じ力でも急激に動かすことができます。そのため、台につけられたかんなの刃がゆるみ、抜くことができるわけです。

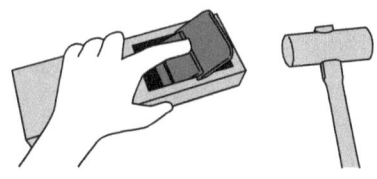

　また、ワイングラスを置いたテーブルクロスを一気に引っ張っても、グラスが倒れずにもとの位置のままテーブル上に残る大道芸を、テレビなどで見たことがあるかと思います。これはワイングラスの慣性を利用した芸ですね。テーブルクロス引きやだるま落としも、物体の慣性を利用しています。

2 重力の公式
質量と重さの違いとは？

$W = mg$
重力 = 質量 × 重力加速度

前項で「100gはおよそ1N」という話をしました。じつはより正確に言えば、質量100gの重さ（重力）は0.98Nです。この切りの悪い「ゼロキューハチ」とはいったいどこからきているのでしょうか。

この項で取り上げる重力の公式を見ると、左辺に重力Wが、右辺に質量mがありますが、mにはさらにgというものが掛けてあります。このように、単純に重さ（重力）と質量はイコールの関係ではないことがわかります。日常では同じような意味で使っているのに、何がどう違うのでしょうか。そのカギは運動方程式にあります。前項で取り上げた運動方程式は、じつはもっと奥が深くて、面白い公式です。

重い物も軽い物も、地球上ではすべての物体が9.8 m/s^2という加速度で落ちます。中学校で習うので、覚えている人も多いと思います。試しにリンゴとぬいぐるみを同時に落としてみましょう。ほぼ同時に地面に落ちます。この9.8 m/s^2は、地球の上に住む私たちにとって特別な数字です。これを**重力加速度**といい「g」で表します（円周率

3.14…は大切な数字なので、π という文字を用意したのと同じです)。

では、地球上の重力の大きさはどのように表せるのでしょうか。余計な力のはたらかない宇宙空間で物体を引っ張ってみましょう。目を閉じて広大な宇宙空間をイメージしてください。そこに 2 kg のメロンをそっと置いて、糸をつけて引っ張ってみましょう。

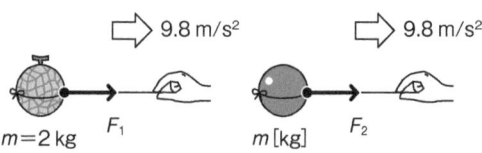

このとき、加速度が 9.8 m/s² になるような力で引っ張ったとします。この力の大きさは、運動方程式（$F=ma$）から

$$F_1 = 2 \times 9.8 = 19.6 [\text{N}]$$

となります。こんどは図右側のように、質量 m [kg]の鉄球をメロンと同じように加速度 9.8 m/s² になるように引っ張ったとします。このとき引くのに必要な力は、

$$F_2 = m \times 9.8 = 9.8m [\text{N}]$$

となります。質量とは「物体の動きにくさ」を示すもので、質量 m が大きければ大きいほど、同じ加速度 9.8 m/s² で動かすためには大きな力が必要になることがわかります。

それでは地球にもどって考えてみましょう。この本を時計回りに 90°回転させてから、さきほどの同じ図を見てく

ださい。地球ではすべての物体は加速度 $g=9.8$ m/s² で落下します。メロンも鉄球も同じ加速度で落下します。つまりこの図の様子は地球上と同じ状態であることがわかります。よりわかりやすく描き直したのが次の図です。

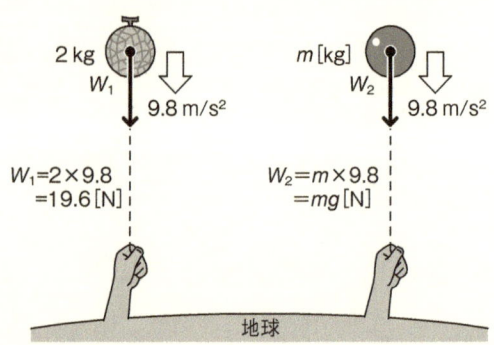

宇宙の例と違うのは、物体を引っ張るのが紐ではなく地球による重力という点です。このことから、ある質量 m の物体にはたらく重力は mg となります。

重力の公式　$W=mg$

質量の大きい物のほうが重力は大きいため、軽い物よりも速く落下していくように思ってしまいます。ところが質量が大きいぶん動きにくいため、加速しにくくなり、結果的に軽い物と同じ加速度で落下していくというわけです。質量 m は宇宙でも地球でも変わりませんが、重力 mg はその場所の重力加速度 g の影響を受けるので、地球（$g≒9.8$）、月（$g≒1.6$）、火星（$g≒3.7$）など、その場所によって大きさは変化していきます。これが、質量と重力（重

2 重力の公式

さ）の違いです。

公式の利用

目に見えない力を見つけるコツ

　重力、垂直抗力、摩擦力、張力、電気の力……。自然界にはさまざまな力があります。そんな力も、大きく分けると2つの種類に分類することができます。

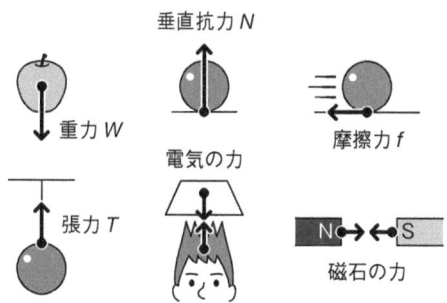

①物体に触れずにはたらく力

例）重力、電気の力、磁石の力

　重力は地球と物体が離れているのに、力を及ぼすことができる不思議な力です。これと似た力に、電気の力や磁石の力があります。このような力を**遠隔作用の力**といいます。

②物体に触れてはたらく力

例）張力、垂直抗力、摩擦力など

　私たちが理解しやすい力が「触れてはたらく力」です。リンゴを動かすには、リンゴに直接触れなければいけませ

27

Part 1　力学

ん。このような力を**近接作用の力**といいます。

ある物体にはたらく力を見つけるときは、

①まずは重力を引く（遠隔作用の力）

②触れているものを探してその力を引く（近接作用の力）

という手順で探していくと、もれなくすべての力を見つけることができます。

運動方程式と力のつり合い

突然ですが問題です。

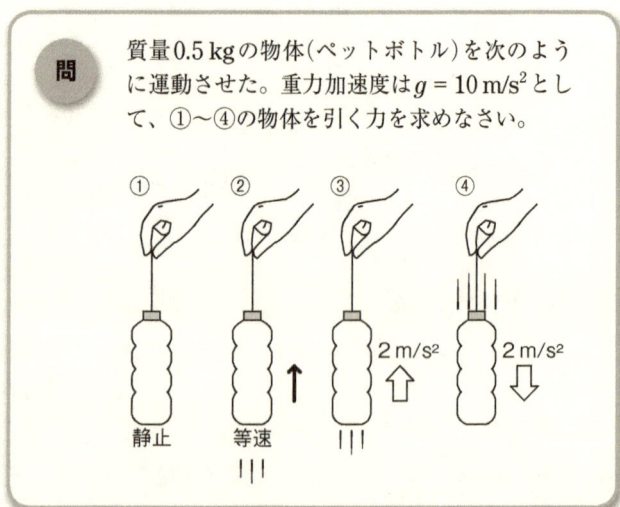

質量0.5 kgの物体(ペットボトル)を次のように運動させた。重力加速度は$g = 10 \text{ m/s}^2$として、①〜④の物体を引く力を求めなさい。

このような問題が解けるかどうかで、運動方程式を正しく理解しているかどうかがわかります。まずは頭の中で力の大きさがどのような順番になるかを考えてみてください。

「④＜①＜②＜③かな〜？」

2 重力の公式

　実際に水の入ったペットボトルに糸をつけてぶら下げ、このペットボトルを静止させたとき、上にゆっくり動かしたとき、加速度をつけて勢いよく一気に引っ張り上げたとき、またガクンと手の力を抜いて、下に加速度をつけて突然下ろしたときの手応えを確かめてみましょう。どうでしょうか。順番は「④＜①＝②＜③」となります。

　なぜこのような結果になるのでしょうか。それではこの問題を数式を使って考えてみましょう。このような問題は3つのステップに分けて考えていきます。

1. 力を見つける
2. 運動の様子を確認する
3. 「静止・等速→力のつり合い」「加速→ma = 残った力」

　まず物体にはたらく力をすべて見つけます（ステップ1）。はじめに重力、次に触れているものでしたね。

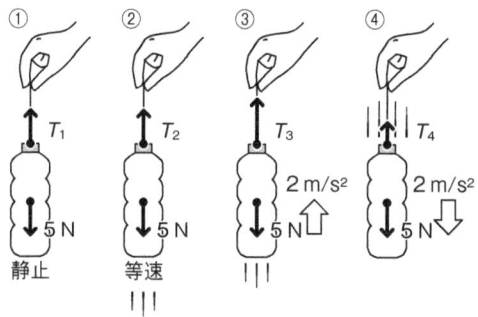

　今回は重力に加えて、物体に糸がついているため**張力**を引きます。張力は T としました。重力は $mg = 0.5 \times 10 = 5$ [N]と計算しました。

Part 1　力学

　次にステップ2に移ります。物体①と②は静止と等速です。つまり力の和はゼロになって「つり合って」います。よって、ステップ3にいき、力のつり合いの式（上向きの力＝下向きの力）を作ります。

$$T_1 = 5$$
$$T_2 = 5$$

　T_1 と T_2 は同じ5Nになりました。

　物体③は上向きに加速をしています（ステップ2）。上に加速したということは、上に力が残っているということです。図より、(T_3-5) のぶんだけ残るはずです。よって運動方程式が次のように立てられます（ステップ3）。

$$0.5 \times 2 = T_3 - 5$$
$$(ma = 残った力 F)$$

これを解くと T_3 は6Nとなり、静止させたときよりも大きな力が必要になることがわかります。このように運動方程式の右辺の F には、物体にはたらく力を合成して「残った力」を代入していきます。

　最後に④は下向きに加速しているので、下向きの力が残るはずです。残った力は下向きから上向きを引いた、$(5-T_4)$ になるので、

$$0.5 \times 2 = 5 - T_4$$
$$(ma = 残った力 F)$$

となります。よって T_4 は4Nとなります。皆さんの感覚

2 重力の公式

と合致したでしょうか。

力の足し算には平行四辺形を使おう

「大きさ」のみを持った量を**スカラー量**といいます。たとえば質量はスカラー量。計算をするときは 2 kg + 2 kg = 4 kg と普通に足し算することができます。しかし力や速度は、大きさに加えて「向き」を持っているため、単純に足し引きできないことがあります。たとえばある物体に右に 2 N、左に 4 N の力を同時に加えた場合、2 つの力を足すと 6 N にはなりません。向きを考えて計算する必要があります。右向きを正として計算すると、

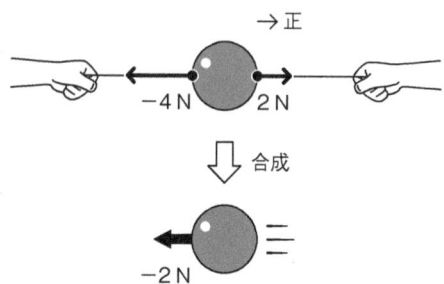

このようになります。答えの「-2」のマイナスは、左向きという力の向きを示しています。力の大きさが数字の 2 の部分です。

さらに難しいのは、力の向きが一直線上にない場合です。たとえば次の図のようにバケツに 2 本の紐をつけて、2 人で協力して持っているときを考えます。

Part 1 力学

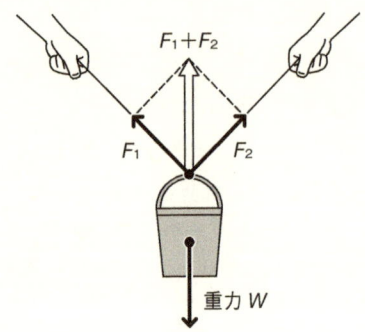

このとき力の大きさは、F_1+F_2 と単純に足し算することができません。図のように平行四辺形を作って足し合わせます。これを**力の合成**といいます。

また逆に1つの力を2つの力に分解することもできます。たとえば斜面上にビー玉を置くと、ビー玉は転がっていきます。ビー玉にはたらく力は重力と垂直抗力のみです。斜面方向に向く力ははたらいていません。では、なぜ転がっていくのでしょうか。

犯人は重力です。次の図のように重力 W を斜面方向と斜面と垂直方向に平行四辺形を描いて分解することで、なぜ転がるのかわかります。重力を分解したときに生じる斜面下向きの力 W_1 が、ビー玉を転がす原動力になっています。対して斜面垂直方向の重力 W_2 は、垂直抗力 N とつり合いの状態になっており、斜面を壊すことなく斜面方向に転がっていくというわけです。

2 重力の公式

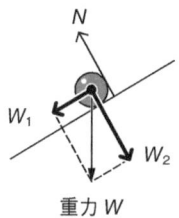

また次の図のように斜面の角度を変えながら重力を分解してみると、斜面の傾きを大きくすればするほど W_1 が大きくなるため、加速度も大きくなることがわかります。

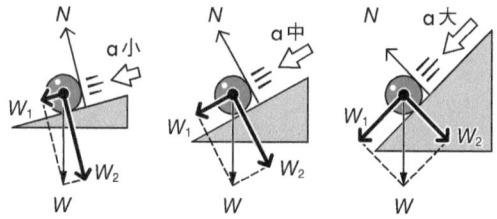

3 等加速度運動の公式
未来はこの式で予測できる

> **公式**
>
> 〈位置の公式〉　$x = \dfrac{1}{2}at^2 + v_0 t$
>
> 〈速度の公式〉　$v = at + v_0$
>
> x：位置　a：加速度　t：時間
> v：速度　v_0：初速度

　高校で物理を習うと最初に覚えるのが、この**等加速度運動の公式**です。高校物理で登場する中ではもっとも長い公式なので、これで物理が苦手になってしまった人も多いかもしれません。しかし、この公式は運動の様子をイメージできれば怖くありません。この公式のポイントは、太字で示した次のx、t、vの3つの文字です。

〈位置の公式〉　$\boldsymbol{x} = \dfrac{1}{2}a\boldsymbol{t}^2 + v_0 \boldsymbol{t}$

〈速度の公式〉　$\boldsymbol{v} = a\boldsymbol{t} + v_0$

「時間tがたつと前に進む（距離xが増加する）」というのが位置の公式であり、「時間tがたつと速度vが増える」というのが速度の公式です。いろいろ文字が出てきますが、整理してみればたいしたことはありません。

　もう少し細かく見てみましょう。まずx軸を思い浮かべてください。位置の公式の左辺のxは、スタート地点の原

点Oから見て、物体がどこにいるのかを示します。「＋2」なら原点より右の方向に2の場所、「－2」なら原点より左の方向に2の場所にいるということになります。右辺のtは時間（time）を表し、ちょっと変わったv_0は「初めに持っていた速度（初速度）」を示しています。添え字の小さな0が「時刻0のとき」を意味しているのです。つまりこの式は、物体が時間tとともに動いている（距離xが変化している）ことを示しています。

より具体的に数字を入れてイメージしてみましょう。マンションのベランダからボールをそっと落としてみます。地球上のあらゆる物体は加速度9.8 m/s^2で落下するので、位置の公式のaには9.8 m/s^2を、また初速度v_0には「そっと手を離した」として0を代入してみましょう。すると、

$$x = \frac{1}{2} \underset{9.8}{a} t^2 + \underset{0}{v_0} t$$

$$\Downarrow$$

$$x = 4.9 t^2$$

となります。この式のtに0秒、1秒、2秒、3秒……を代入していくと、そのときどきの落下距離は、

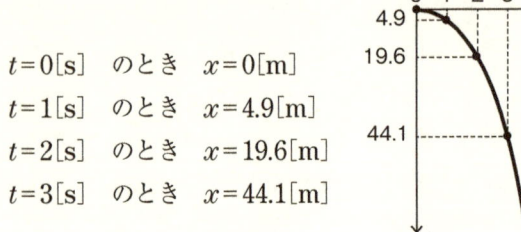

$t=0[\mathrm{s}]$ のとき $x=0[\mathrm{m}]$
$t=1[\mathrm{s}]$ のとき $x=4.9[\mathrm{m}]$
$t=2[\mathrm{s}]$ のとき $x=19.6[\mathrm{m}]$
$t=3[\mathrm{s}]$ のとき $x=44.1[\mathrm{m}]$

となり、物体の位置が計算できます。未来のことが事前にわかるので、とても便利な式です。実際にベランダからボールを落として何秒後に地面に落下するかをストップウォッチで測定すれば、逆にその時間と位置の公式から、ベランダの高さを計算することもできます。

実験すれば一目瞭然

　私たちの身の回りは、等速度運動と等加速度運動であふれています。等速度運動は小学校で習った「道のり＝速さ×時間」です。小学校では頭文字をとって「み・は・じ」、または「道のり」を「距離」として「は・じ・き」と覚えている人もいるかもしれません。

　これらの便利な公式はどのようにして作られているのでしょうか。記録タイマーという速度計をつけ、台車を斜面から平面まで走らせる実験を行います。すると、時間によって変わる台車の速度がわかります。次の図のように縦軸に速度、横軸に時間をとったグラフをv–tグラフといいます。

3 等加速度運動の公式

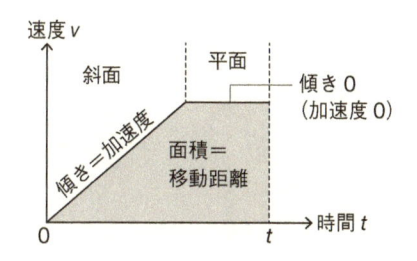

v-tグラフを見ると、スタートは台車の速度が0で止まっていることがわかり、斜面上では物体は加速するため速度が増えていきます。速度が直線で、一定の割合で増えているので、これを**等加速度運動**といいます。平面に達すると、物体の速度は増えなくなり、同じ速度で動き続けます。これが**等速度運動**です。ある時間までに加速した物体のv-tグラフの面積を計算すると、その時刻までに物体が動いた距離がわかります。

グラフの傾きが大きければ加速度も大きいということになり、「グラフの傾き＝加速度の大きさ」を示しています。たとえば次の図のように初速度v_0がゼロで、一定の加速度aで台車が斜面上をt秒間移動したとします。

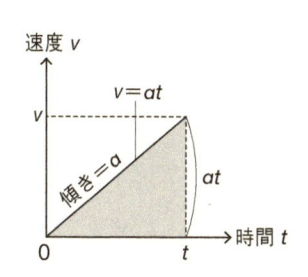

このときの台車の移動距離をグラフの面積から求めると三角形なので、

$$x = 底辺 \times 高さ \times \frac{1}{2}$$

$$= t \times at \times \frac{1}{2}$$

$$= \frac{1}{2}at^2$$

となります。この式、よく見てください。等加速度運動の位置の公式に近づいてきましたね。あともう少しです。物体はいつも速度 0 でスタートするとはかぎりません。それでは次に、初速度 v_0 がある場合のグラフを見ていきましょう。

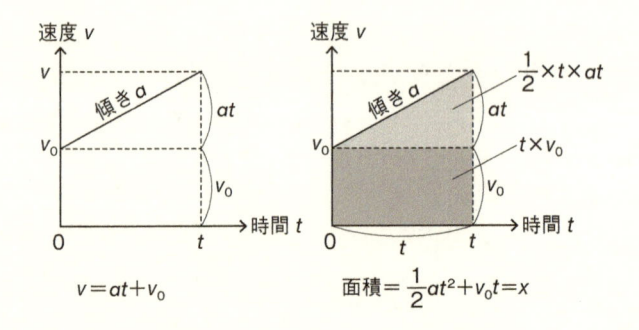

$v = at + v_0$

面積 $= \frac{1}{2}at^2 + v_0 t = x$

初速度があればグラフはこのように途中からスタートした左のグラフになります。このグラフを示す数式は、切片が v_0、傾きが a なので、速度 v は

$$v = at + v_0$$

となります。これは等加速度運動の「**速度の公式**」です。同じように t 秒間に移動した台車の移動距離について求めてみましょう。こんどは右側のグラフのように台形の面積になるので、台形を三角形と長方形にわけると、

$$x = 三角形の面積 + 長方形の面積$$
$$= \frac{1}{2}at^2 + v_0 t$$

となります。これが等加速度運動の**位置の公式**です。具体的なイメージから公式が導けました。

公式の利用

潜水艦は目隠ししながら進んでいる？

外部から電波のやりとりなしに、自分の位置を特定して進む方法のひとつに「慣性航法」があります。潜水艦は、海中深く潜りながら航行するので、窓から外を見ただけでは自分の位置を知ることができません。そこで潜水艦に、加速度を知るための加速度計という機械を載せます。加速度計で得られた加速度を使って速度を計算し、さらに $v-t$ グラフから面積を計算すると、スタート地点からの潜水艦の移動距離が求められます。

さらに方角を検知する機械も搭載しておけば移動方向もわかり、スタート地点から積算して潜水艦の現在位置を把

Part 1　力学

握することができます。

雨が凶器にならないのはなぜ？

　紙とリンゴを同時に落とすと、実際はリンゴのほうが先に落ち、紙のほうが後からひらひらと落ちてきます。昔はこのように、物体は重い物のほうが速く落ちると信じられてきました。

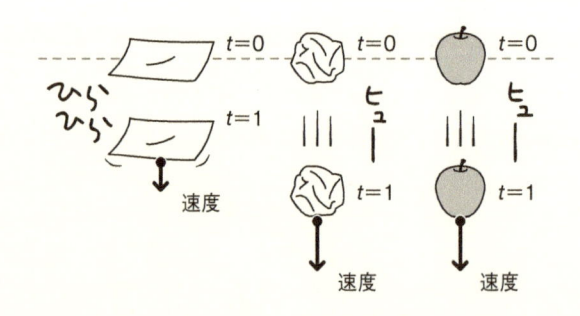

　ところが、紙を丸めてから一緒に落とすと、リンゴと紙はほぼ同時に加速度 9.8 m/s^2 で落ちていきます。紙の落ちる速さがリンゴに追いついたのには、空気抵抗が関係しています。空気抵抗は、空気に含まれる窒素分子などの粒子が物体に衝突することによって生まれます。紙を丸めると、粒子が紙にぶつかる面積が小さくなり影響を受けにくくなるので、落下速度がほぼ同じになるのです。

3 等加速度運動の公式

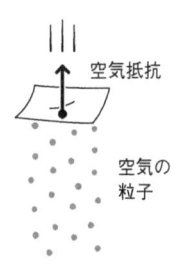

　もし空気がなく、雨が空気抵抗ゼロで雨雲から落ちてきたら、地上につくときにどれくらいの速度になるのでしょうか。雨粒は上空1km（1000m）くらいから落ちてくるものもあります。この雨粒が初速度0、空気抵抗なしで落ちてきたとして、地面に落下するときの速度を計算してみましょう。まず位置の公式から落下時刻を求めます。

$$x = \frac{1}{2}at^2 + v_0 t \quad \Rightarrow \quad 1000 = 4.9t^2$$
$$t ≒ 14 \text{ 秒}$$

（x:1000、a:9.8、v_0:0）

14秒後に落下してくることがわかりました。この時刻を速度の公式に代入します。

$$v = at + v_0$$

（a:9.8、t:14、v_0:0）

$$≒ 140 \text{ m/s}$$

なんと秒速140mで落ちてくることになります。これは時速504kmという猛スピードです。このような速度で雨

が落ちてくれば、傘に穴が開いたり、雨粒によって頭に大怪我を受けて死んでしまうかもしれません！　しかし実際そうならないのは、空気抵抗がはたらき、雨粒の速度を徐々に小さくしてくれているためです。

空気抵抗によるブレーキは、雨粒の大きさや速度に比例します。これは一定時間にぶつかる空気中の分子の数が多くなるため、ブレーキが大きくかかることによります。

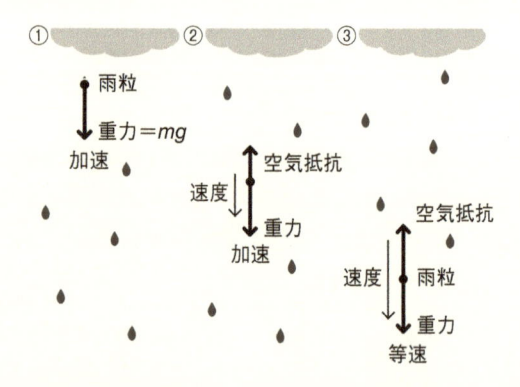

①
雨粒
重力=mg
加速

②
空気抵抗
速度
重力
加速

③
空気抵抗
速度　雨粒
重力
等速

そのため、雨粒の加速度は最終的には重力と空気抵抗力がつり合うところで0になります。小さな天体は地球に落下してくると、空気抵抗によってスピードが遅くなり、そこから発生する摩擦による熱で地上に落ちる前に燃え尽きます。空気抵抗は邪魔なものではなく、私たち地球に住む生物を守るようにはたらく側面もあるのですね。

物理量と単位

速度や加速度について説明をしました。これまでに登場した力 F、質量 m、速度 v など、物理的な性質や状態を

表す量を**物理量**といいます。物理量を表す文字は何を使ってもよいのですが、伝統的にある程度決まっています。たとえば速度はその英単語 velocity の頭文字 v を普通は使います。距離や空間は x、y、z などを使って表します。

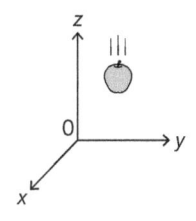

また物理量にはそれぞれ単位が添えられます。高校物理では国際単位系（SI）を使っています。これは m（メートル）、kg（キログラム）、s（秒）、電流の単位である A（アンペア）、温度の単位である K（ケルビン） などを基本単位とする単位系です。

また、これらの単位を組み合わせて表現する単位を組立単位といいます。たとえば速度は「道のり (m) ÷ 時間 (s)」なので、m/s を使いました。「/」は分数の線を示しており、「÷」と同じ意味です。これが組立単位です。

$$m \div s = m \times \frac{1}{s} = \frac{m}{s} = m/s$$
↑
分数を示す

では、加速度の単位 m/s^2 はなぜ s が 2 乗になっているのでしょうか。加速度は速度の変化量のことです。したがって速度をさらに時間で割るため、速度の単位 m/s ÷ s で、

分母が s^2 となるのです。

$$m/s \div s = \frac{m}{s} \times \frac{1}{s} = \frac{m}{s^2} = m/s^2$$

また力の単位 N(ニュートン) は、じつは組立単位で表すことができます。ニュートン単位は運動方程式 $F=ma$ (質量 × 加速度) から、

$$F[N] = m[kg] \times a[m/s^2] \rightarrow N = kg \times m/s^2$$

つまり、

$$[N] = [kg\, m/s^2]$$

という関係になります。

また単位の同じものは足し算、引き算ができます。

$$\bigcirc \quad 1\,cm + 2\,cm = 3\,cm$$

しかし単位の異なるものの足し算、引き算は意味をなしません。

$$\times \quad 1\,cm + 2\,N = 3\,[??]$$

このように物理では単位を考えながら計算する必要があります。

4 慣性力の公式
加速している人だけが感じる力

> **公式**
>
> $F = -ma$
>
> 慣性力 = 質量 × 観測者の乗っている物体の加速度

　電車に乗っているときを思い浮かべてください。電車が出発するとき、誰かに押されているわけでもないのに、不思議な力を受けて後ろに倒れそうになります。また電車がブレーキをかけると、また変な力を受けて前のめりになります。つり革を見ていると、つり革も同じ力を受けて、わずかに傾いていることに気がつきます。電車の床に転がっている空き缶も、前に後ろにコロコロと、誰も触っていないのに動いています。

　この不思議な力を**慣性力**といいます。慣性力の公式は上記のように、「質量 × 観測者の乗っている物体の加速度」で表すことができ、さらにマイナスがついています。慣性力とはいったいどのような力なのでしょうか。

　次の図は駅で止まっていた電車が、加速度 $2\,\text{m/s}^2$ で加速し始めた様子を示しています。電車の中にはAさんが座っており、目の前には捨てられた空き缶が転がっています。この空き缶には摩擦力ははたらかないものとします。

　電車が出発すると、電車から離れて立っているBさんか

Part 1 力学

らは、中の様子が次のように見えるはずです（ガラス張りのスケスケ電車だと思ってください）。

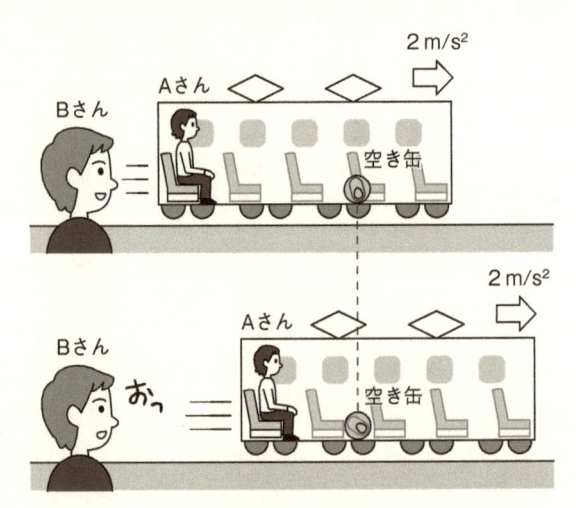

Bさん「止まっている空き缶に、Aさんが2 m/s²の加速度で近づいていった」

空き缶は「静止しているものは静止を続ける」という性質（慣性）により、その場に静止したまま動きません。しかしAさんの足と床には摩擦力がはたらくため、Aさんは電車の床とともに（電車とともに）、電車の加速度 $2\,\mathrm{m/s^2}$ で空き缶に近づいていきます。Aさんが動き始めたという事実、これが外から見た世界の様子です。

次に電車に乗って、中にいるAさんの立場になって空き缶を見てみましょう。電車が加速度 $2\,\mathrm{m/s^2}$ で出発すると、Aさんはこう感じるはずです。

4 慣性力の公式

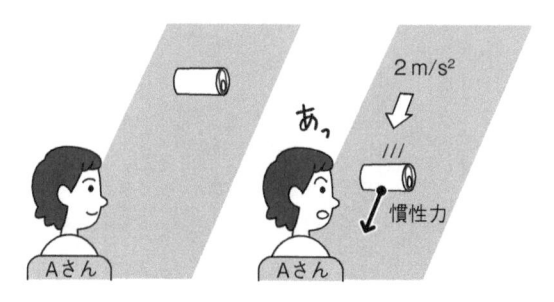

Aさん「あれ!? 誰も触っていないのに、空き缶が加速度 2 m/s² で近づいてきた」

Aさんは、本当は自分が静止している空き缶に近づいているのですが、空き缶が加速度 2 m/s² で近づいてくるように見えるため、何か不思議な力が空き缶にはたらいたように感じます。この不思議な力の大きさは、空き缶の質量を 0.05 kg(50 g) とすれば、加速度 2 m/s² で近づいてくることから逆算すると、運動方程式（力＝質量×加速度）より

$$F = ma = 0.05 \times 2 = 0.10 [\text{N}]$$

となります。このAさんが感じる、空き缶にはたらいた力を慣性力といいます。慣性力のはたらく向きは、電車の加速度と逆向きで、大きさは ma であり、次のような公式で示されます。

Part 1　力学

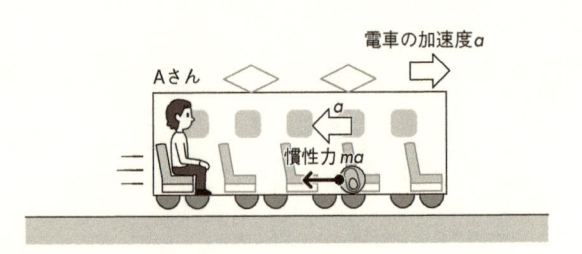

$$慣性力 = -ma$$

　公式にマイナス記号がついていますが、このマイナスは乗っている物体（電車）の「加速度とは逆向きに」という意味を示しています。これは物体の持つ「慣性」によってはたらいているように見える力なので、慣性力という名前がついています。慣性力はAさんのように観測者だけが感じる力で、他の力とは違い、特別に反作用力はありません。

公式の利用

地球上で重力を消す方法──無重力とは？

　エレベーターに体重計を置いて、その上に乗ったままエレベーターが上向きに加速をすると、体重計のメーターはどうなるでしょうか。エレベーターが近くにあって実験可能であれば、実際に試してみてください。

　たとえば静止したエレベーターの中で、質量50 kgの人（Bさんとします）が体重計に乗ると、垂直抗力と重力はつり合いの状態になります。$mg = 50 \times 9.8$より、Bさんの

体重はおよそ 500 N。よって垂直抗力も 500 N となります。体重計はこの垂直抗力を量って体重を表示しています（体重計に表示される [kg] は、正確には [kg重] という単位で、質量ではありません。1 kg重 ≒ 10 N です。体重 500 N の場合は 50 kg重ということになり、体重計では 50 を指します）。ですから、片足だけを体重計にのせた場合は、すべての体重が乗っていない（垂直抗力が分散される）ので、正確な値が出ないというわけです。

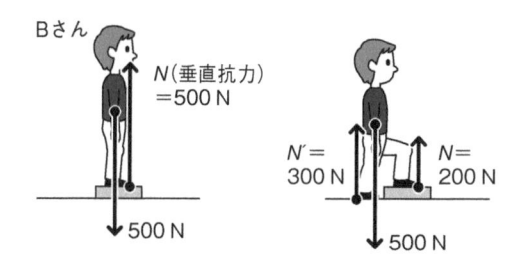

それでは、上向きに 2 m/s^2 で加速を始めたエレベーターの中で B さんが体重計に乗ると、体重計は何 N を表示すると思いますか。実際に計算してみましょう。

次の図のように、エレベーターの様子を外から見ている A さんの立場で、B さんの体重について考えてみます。エレベーターの中にいる B さんはこのとき、上向きに加速をしています。これは、B さんにはたらく垂直抗力が重力よりも大きくなっているからです。加速度と力の関係は「運動方程式」でしたね。B さんが受ける垂直抗力を N として、運動方程式に当てはめると、

Part 1　力学

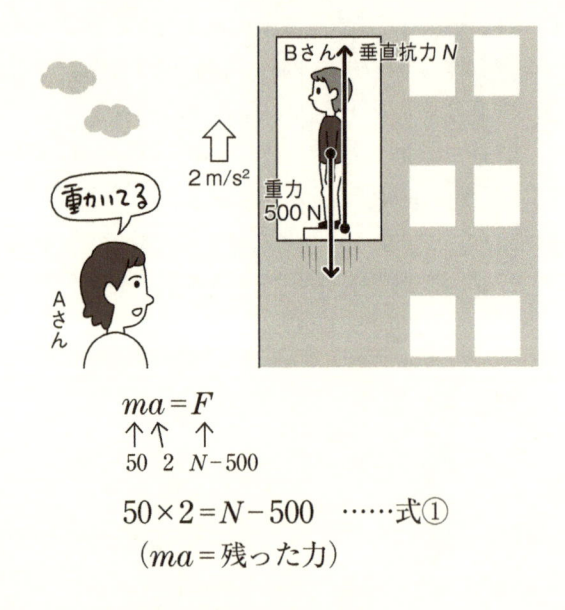

$$ma = F$$
　↑　↑　↑
　50　2　$N-500$

$$50 \times 2 = N - 500 \quad \cdots\cdots 式①$$
（ma = 残った力）

となります。垂直抗力を計算すると、

$$N = 600[\mathrm{N}]$$

あれ、Bさんの体重計の表示が500 N（50 kg重）から600 N（60 kg重）に増えました。

同じ現象について、静止しているAさんではなく、エレベーターの中で加速しているBさんから見た場合はどうなるのでしょうか。Bさん自身にはたらく力を考えると、重力、垂直抗力、そして加速した物体に乗っているため慣性力があります。慣性力は加速方向とは逆向き、今回は下向きに受けます。そしてエレベーターに乗っているBさんの立場では、自分は静止しているように感じるはずです。静

50

止や等速運動をしている場合に立てる式は「力のつり合い」でしたね。

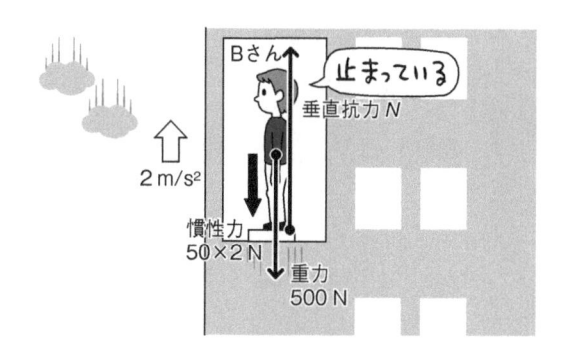

$N = mg + ma$（慣性力） ……式②
（上向きの力＝下向きの力）

　垂直抗力 N について求めると、600 N（60 kg重）になりました。先ほどと同じように体重計の表示が増えましたね。たしかにエレベーターが上向きに加速するとき、内臓が下向きに引っ張られるような変な気持ちになり、重力が余分にかかっているように感じます。

　静止したAさんの立場である式①は運動方程式、加速しているBさんの立場である式②は力のつり合いの式です。視点が変わると用いる数式も変わるのでしょうか。しかしよく見ると、数式としては同じになっており、同じ結果が導かれていることがわかります。

　それでは、エレベーターが下向きに 2 m/s^2 で加速するとどうなるのでしょうか。エレベーターの中にいるBさんの立場で解いてみましょう。式②は同じように考えると、

慣性力が先ほどとは逆の上向きにはたらくため、次のように書けます。

$$N + ma = mg$$
（上向きの力 = 下向きの力）

Nについて解くと、

$$N = mg - ma$$

この式から、下向きの加速度が大きくなるとNが小さくなる、つまり体重が軽く表示されることがわかります。垂直抗力Nについて計算すると、

$$N = 500 - 100$$

となり、400 N になります。ジェットコースターや垂直落下するフリーフォールのアトラクションに乗ったときなど、下向きに落ちると内臓が上向きに引っ張られるような、フワッとした気持ちになります。

宇宙飛行士の訓練で、地球上で無重力を体験する方法があります。どのようにすれば重力を消すことができるのでしょうか。エレベーターの例のように、加速度物体に乗った人はあたかも体重が重くなったり、軽くなったりするように感じます。つまり「みかけの重力」はコントロールすることができるといえます。そこで飛行機を使って上空まで宇宙飛行士を連れていき、エンジンの出力を下げて自由落下の状態にします。すると飛行機の中にいる宇宙飛行士も重力加速度 9.8 m/s^2 で落ち始めます。宇宙飛行士は下向

きに加速をしているので、慣性力は上向きにはたらきます。

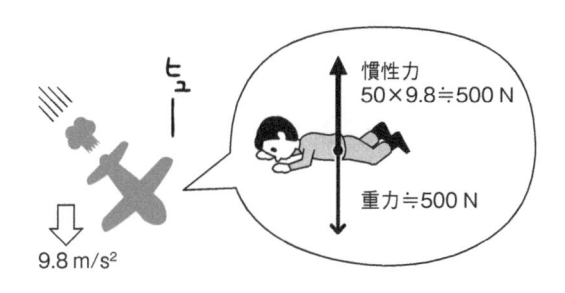

宇宙飛行士の体重を50 kgとすると、飛行機は9.8 m/s²で下向きに加速（自由落下）しているため、慣性力の大きさは50×9.8でおよそ500 Nとなります。また、質量50 kgの宇宙飛行士にはたらく重力はおよそ500 Nです。慣性力と重力は同じ大きさで向きが逆になるため互いに打ち消し合い、宇宙飛行士は自身にはたらく重力を感じることがなく「無重力状態」を体験することができるというわけです。

慣性力と遠心力のつながり

摩擦のない面でボールを転がしてみます。このボールは何もしなければその方向に転がり続け、円運動することはありません。しかしハンマーで図のように順番に叩いていくと、ボールを回転させることができます。

Part 1　力学

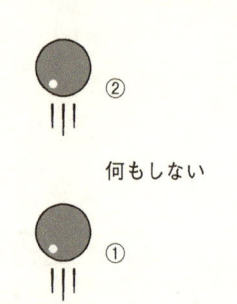

何もしない

何もしなければ直線運動を続ける

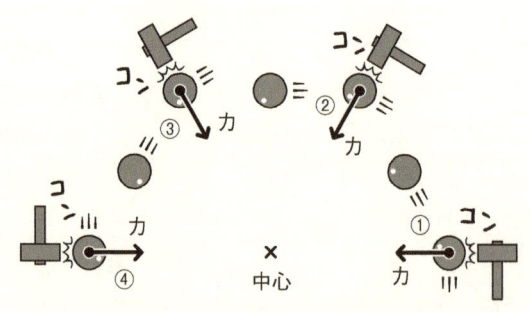

中心方向に叩き続ければ円運動になる

　このように、ある物体をくるくると回す（円運動させる）ためには、円の中心向きに力を加える必要があります。この力を円の中心を向く力ということで**向心力**といいます。向心力というとあたかもそういう名前の力があるように思いますが、そうではありません。たとえばハンマー投げなどでハンマーを回転させるときには、外に飛んでいかないよう、絶えず中心向きにハンマーを引っ張らなければいけません。このときの向心力の役割をしているのは**張力**です。

54

4 慣性力の公式

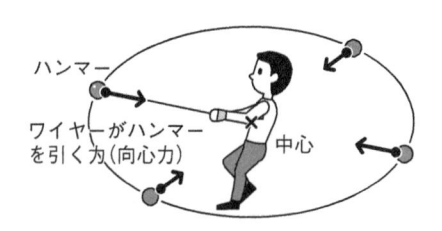

またジェットコースターが1回転するときには、レールからの垂直抗力が中心方向に向かってコースターを押しています。つまり垂直抗力が向心力の役割をはたしています。

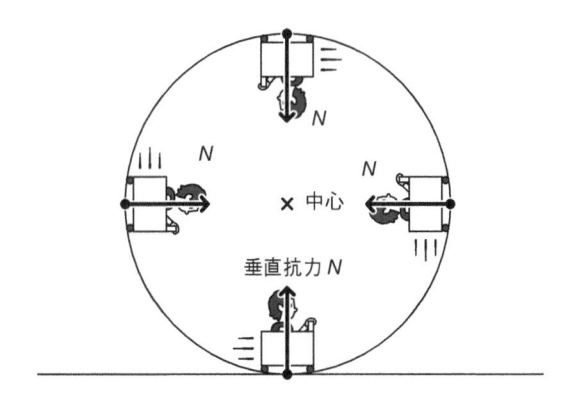

さらに地球が太陽のまわりを回るためには、やはり何か中心に引っ張る力が必要になります。このとき向心力の役割をする力は一見すると見当たりませんが、何かがあるはずです。これが**万有引力**という力で、重力のもとになる目には見えない不思議な力です。

Part 1 力学

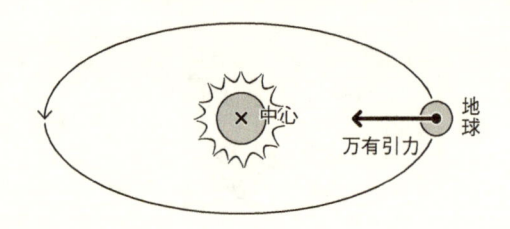

　円運動をする物体には、このように中心を向く力(向心力)が必要なので、運動方程式から考えれば、「加速度は中心に向いている」ことになります。

　この加速度の向きに驚く人がいるかもしれませんが、次の図のように、円運動をしている物体のあるときの速度①と、次の瞬間の速度②を並べてみると、速度の変化(つまり加速度)は中心に向かっていることがわかります(加速度も速度もベクトル量なので、力を合成・分解したときのように作図をしながら考える必要があります)。

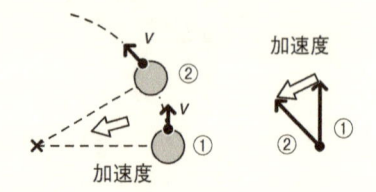

　さてここで慣性力の登場です。たとえば遊園地でコーヒーカップなどのクルクルと回る乗り物に乗ったときを想像してみましょう。コーヒーカップが回転しているとき、体は外に飛んでいきそうな力を受け、背中がカップの壁に押しつけられます。回転物体に乗って加速運動をしている人

は、このように外側にはじき飛ばされそうになる力を受けます。この力を**遠心力**といいます。

遠心力は加速度を持つ物体に乗った人だけが感じる力、そう、慣性力です。円運動では中心方向に加速度が生じているため、その慣性力は円の中心から外側に向かってはたらきます。

山道をドライブしているとき、急カーブでハンドルを切ると、その向きと逆向きに体が力を受けますが、これも遠心力です。遠心力は慣性力の一種なのです。

5 圧力の公式
力の効きめと面積の関係

> **公式**
> $$P = \frac{F}{S}$$
>
> 圧力 = $\dfrac{加えた力}{その力が加わっている面積}$

　突然ですが、鉛筆を用意してください。図のように持ち、その場で静止させたまま両側から力を加えてみましょう。

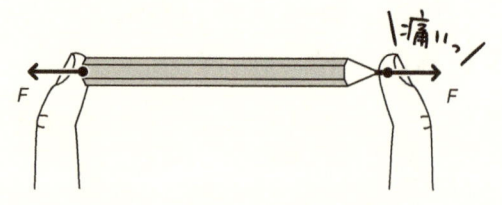

　このとき「力のつり合い」と「作用反作用の法則」から、右の指と左の指には同じ大きさの力がはたらいていることになります。しかし左の指に比べて、鉛筆の先端を支えている右の指のほうが痛く感じるはずです。このように力の大きさが同じでも、感じる力は痛かったり、痛くなかったりと、異なる場合があります。なぜこのようなことが起こるのでしょうか。

　それは、わずかな面積に力が集中するからです。このよ

うに力の効果を考えるときには、「力がはたらいている面積」を同じにしてから比べることも必要です。そこで圧力という考え方が生まれました。**圧力**とは1 m² あたりにはたらく力のことをいいます。

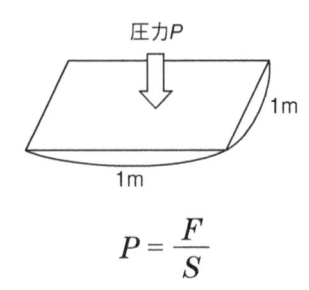

$$P = \frac{F}{S}$$

$$圧力 = \frac{加えた力}{その力が加わっている面積}$$

圧力の組立単位は N/m² となりますが、通常は Pa(パスカル) という単位記号を用いて表します。圧力を計算してみましょう。指が鉛筆を押している力を 0.1 N とし、左側の平らな部分の面積を 0.5 cm² (5.0×10^{-5} m²)、右側のとがった部分の面積を 0.01 cm² (1.0×10^{-6} m²) とすると、それぞれ圧力は、

左の指　$P_左 = 0.1 \div (5.0 \times 10^{-5}) = 2000 \text{Pa}$
右の指　$P_右 = 0.1 \div (1.0 \times 10^{-6}) = 100000 \text{Pa}$

となります。両側の指にはたらく力は同じでも、右側の指は左側と比べて50倍の圧力がかかっていることになるので、「痛い！」となるわけです。

Part 1　力学

公式の利用

圧力と気圧

私たちは、地球を取り囲む厚さ 150 km を超える大気の底に住んでいます。海の底に住んでいる深海魚ならぬ、深大気人なのです。

私たちの頭の上には、窒素分子など大気（空気）を構成する粒子が乗っています。これら粒子1つ1つにも、わずかですが重力がはたらきます。そして1つ1つの粒子の重さはわずかですが、大気はおよそ 150 km 以上も頭の上に乗っているので、大きな力で私たちや地面を押しています。この圧力を気圧（または大気圧）といいます。

平均的な地上の気圧はおよそ 1000 hPa です。「hPa」はヘクトパスカルと読み、天気予報や台風情報などで耳にしますね。km などで使われる k(キロ) という接頭語が 10 の3乗＝1000 を示すのと同じように、hPa の h(ヘクト) も同じく接頭語で 10 の2乗＝100 を示します。つまり地上気圧 1000 hPa とは 10万 Pa を示します。なんと地上では 1 m^2 あたり 10万 N(！) もの力がはたらいていることになります。10万 N とはいったいどれくらいの力の大きさなのでしょうか。

牛乳パック（1 L＝1 kg）を持ったときに感じる力は、およそ 10 N です。人間の体がぺらぺらで平らだとすると、成人男性は片面でおよそ 1 m^2 の面積くらいあるそうです。そこで床に寝転がってみましょう。そして体の上に 1 万本の牛乳パックが乗っている状態を想像してみてください。

これが10万Nです。

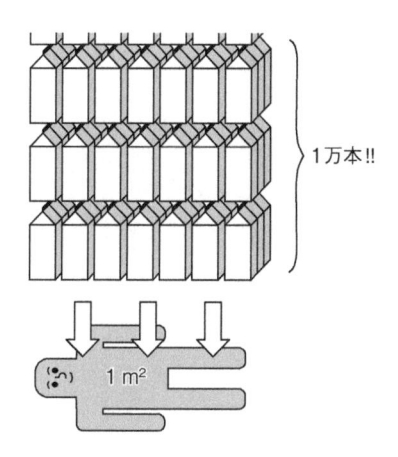

1万本!!

1 m²

また1 m²あたり10万Nとは、1 cm²あたりで考えると10 Nです。右手を地面と水平に出してください。親指の爪の面積は1 cm²くらいです。計算上、その上には牛乳パック1本が乗っているような力が大気圧によってはたらいていることになります。

地上気圧の大きさについてイメージできましたか。私たちはふだん気がつきませんが、この圧力の中で生活しています。でも、にわかには信じられないかもしれませんね。そこで地上気圧の大きさを感じられる、簡単な実験を紹介しましょう。

空のペットボトルを用意します。キャップを開けてその中にアツアツのお湯をほんの少量注ぎ込み、軽くボトルを振り、中に水蒸気を充満させます。そして熱湯を捨て、すぐにキャップをきつく閉めます。これで準備は終わり。そ

のまま1分くらい観察をしていると、ペットボトルがなんと突然バキバキッとへこんでいきます🌐🌐🌐 5-1 。

なぜこのようなことが起こるのでしょうか。じつはペットボトルの中を水蒸気で満たすと、もともとペットボトルの中に入っていた空気が行き場をなくして外に追い出されます。キャップをしてしばらくたつと、水蒸気は冷えて水に戻り始め、ボトルの中は少しずつ真空に近い状態になります。すると外からの大きな気圧の力に耐えることができなくなり、押しつぶされてしまいます。気圧がペットボトルをつぶしたのです。

気圧の原因はその上に乗っている空気にあるので、どれだけ空気が乗っているかで、その場所の気圧の大きさは変化します。山の上に行くと気圧が低くなるのは、頭の上に乗っている空気が減るためです。気圧の大小は、その場所の大気の厚さ（深さ）に比例しています。

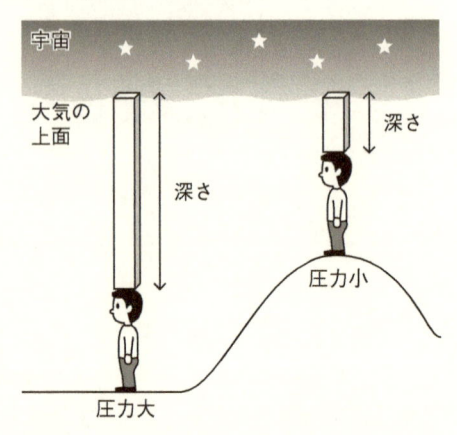

山頂でお菓子の袋が膨らむ理由

　気圧は上から押してくるだけではなく、じつはさまざまな方向から私たちを押してきます。

　液体と気体は同じような性質を持ち、流体と呼ばれます。海を作っている水分子はさまざまな方向に飛び回っています。同じように大気を作っている粒子もさまざまな方向に飛び回っています。

　たとえば気圧を考える場合、その上に乗っている空気の柱の厚さが大切でした。次の図①のように高い水槽に水を注いだとして、気圧の様子をイメージしてみましょう。下の面に穴を開ければ水が頭にバシャバシャーッと落ちてき

Part 1　力学

て力を受けます。

　頭の真上の水槽だけではなく、大気は広く地球を覆っているので、前後左右にも水槽があると考えられます。

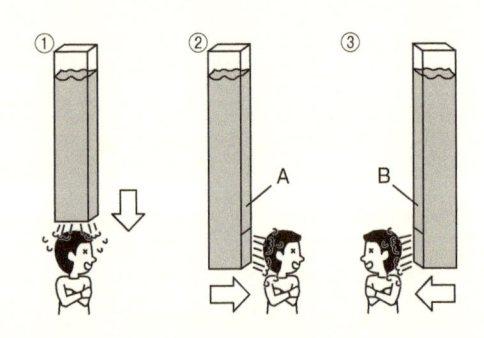

　図②のように、左隣にある水槽の柱のA面に穴を開けたとしましょう。A面に入っているものが氷のような固体であれば穴を開けても流れ出ませんが、空気や水などの流体であれば、流れ出て右方向に押されます。同様に図③のように右隣の水槽を考えると、B面に穴を開ければ左方向に押されて力を受けます。このような理由で、地上であれば1000 hPaの圧力を次の図のようにさまざまな方向から受けることになるのです。

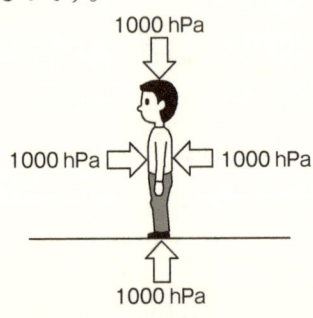

お菓子を持って登山に出かけると、山頂ではお菓子の袋がパンパンになっていることがあります。なぜこのようなことが起きるか、もうおわかりですね。袋が膨らむのは地上でお菓子を袋につめて密閉したことと関係があります。地上で密閉すると、袋の中の圧力は地上気圧と同じおよそ1000 hPaになっています（①）。しかし山頂では大気が薄くなり、外の圧力が950 hPaなどと低くなります。そのため、袋の中の圧力が外の圧力よりも高くなるので（②）、袋は膨らんでしまうというわけです（③）。

浮力の正体

　ダイビングをして海の中に深く潜ったところをイメージしてください。たとえば深さ1 mまで潜ったとします。すると、頭の上に乗っている水から圧力（水圧）を受けます。水圧の大きさを計算してみましょう。たとえば1 m潜ったとき、私たちの頭の上には$1 m^2$あたり$1 m \times 1 m \times$

1 m = 1 m³ の水が乗っています。この 1 m³ の水が押す力（水にはたらく重力）が深さ 1 m での水圧の大きさです。

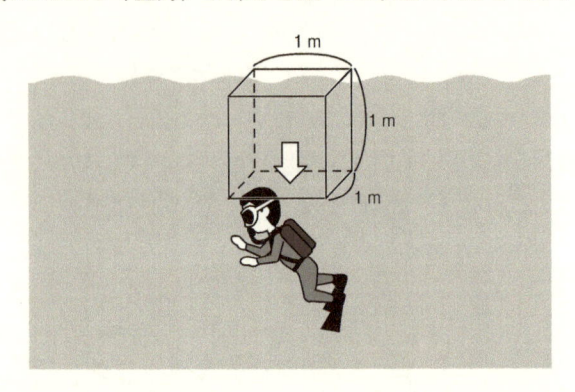

では、1 m³ の水にはたらく重力を求めることによって深さ 1 m での水圧を求めてみましょう。水 1 m³ の質量は 1000 kg です。重力は mg で計算するので 1 m³ の水の重力はおよそ mg = 1000 kg × 9.8 m/s² で約 1 万 N となります。これが水深 1 m の水圧の大きさ（1 万 Pa）です。このように水圧を計算すると、深さ x[m] の水圧は次のように示されます。

$$水圧 = 10000 \times x [\text{Pa}]$$

たとえば 10 m 潜ると 10 万 Pa。これは 1000 hPa ですから、地上気圧に相当します。同じ流体であっても、150 km も必要だった空気に比べて、水の密度がどれだけ大きいかわかりますね。

次に浮力について考えてみましょう。ボールを水に浮かべるとプカプカと浮きます。また私たちはプールに入る

と、体が軽くなったように感じます。これは水などの流体から上向きに**浮力**という力を受けるためです。浮力の原因は何なのでしょうか。力は、重力や電気の力、磁石の力のように「触れないではたらく力」と、張力や摩擦力のように「触れてはたらく力」に分けられました（第2項）。浮力も重力のように触れないではたらく不思議な力のひとつなのでしょうか。

　じつは浮力は水圧が生み出す力なのです。たとえば次の図①のように、水中に大きな物体を沈めると、その物体の上面と下面にはたらく水圧は、下面のほうが深いため大きくなります。

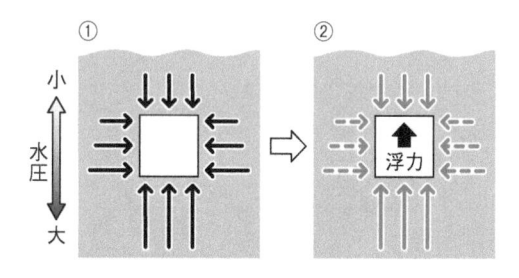

　これらの水圧による力を合成すると、左右の矢印は常に同じ深さで同じ長さなので、打ち消し合います。対して上下の矢印は、下面を押す力の矢印のほうが長いので、全体として上向きに力が残ります（②）。この上向きに残った力が浮力です。浮力という力は水圧による力の合力であり、重力などとは違い、触れてはたらく力が原因です。不思議な力ではなかったのですね。

6 力のモーメント
物体を回転させる力

> **公式**
> $M = F \times L$
> 力のモーメント＝力×腕の長さ

　野球のバットを用意してください。2人でバットの太いほうと細いほうを持って、図のように互いに逆方向に回転させると、どちらが勝つでしょうか。たとえば子どもにバットの太いほうを持ってもらい、勝負をしてみてください。

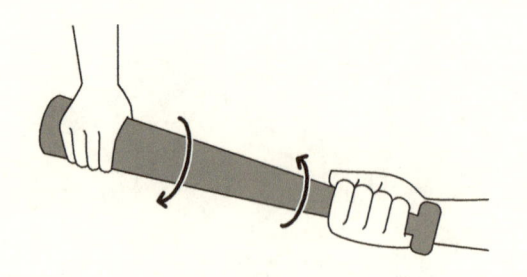

　やってみると、バットの太いほうを持った人が圧倒的に有利なことがわかります。子どもにも負けてしまうかもしれません。なぜこのようなことが起こるのでしょうか。
　この項で取り上げる力のモーメントの公式は、物体の「回転」と関係があります。ボルトを締めるとき、指だけで締めるには限界があるので、スパナを使いますよね。そこで、スパナでボルトを締めるときの様子を思い出してく

ださい。なるべくスパナの柄の遠いところを持ったほうが、より強くボルトを締めることができます。

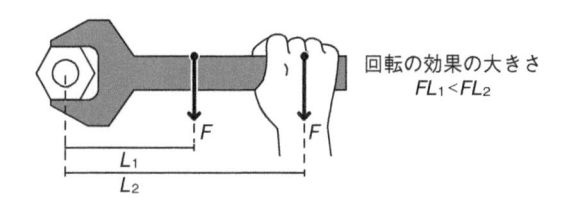

回転の効果の大きさ
$FL_1 < FL_2$

このように回転の効果には、力の大きさ以外の要素として、回転させる場所までの距離（これを「腕の長さ」といいます）が関係しています。物体を回転させる能力は、力と腕の長さの積で表されます。これを**力のモーメント**といいます。

$$M = F \times L$$
力のモーメント＝力×腕の長さ

モーメントの単位は、組立単位で表され、Nm（ニュートンメートル）を使います。先ほどの図でモーメントを考えると、

$$FL_1 < FL_2$$

となり、L_2の場所のほうが回転させる効果が大きいことがわかります。

バット回しゲームでは、モーメントが関係しています。モーメントを考えると、次の図のようにAの太いほうはバットの芯（回転軸）からの距離が大きくなり、Bの細いほ

Part 1　力学

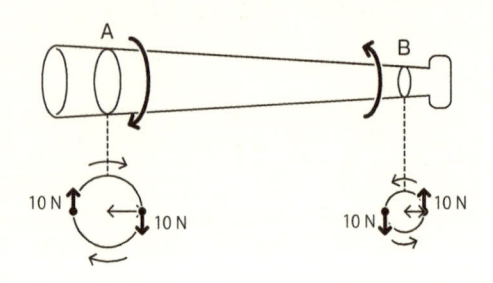

うに比べて大きなモーメントとなります。

　たとえばAの半径を3.5 cm（0.035 m）、グリップBの半径を2.5 cm（0.025 m）とします。また図のように回転させるための力を、仮に親指と人差し指の2本でかけているとします。それぞれの指に10 Nの力をかけてAを時計回りに回転させようとするとき、Aにかかるモーメントは、

$$M_A = -(10 \times 0.035) \times 2$$
$$= -0.7 [\text{Nm}]$$

となります。式の中のマイナス記号は時計回りの回転であることを意味しています。モーメントは反時計回りを「正」、時計回りを「負」と決めて使用します。また「×2」は、指2本で力をかけていることを表しています。

　次にグリップBを持つ人の力を同じ10 Nとすれば、そのモーメントは、

$$M_B = +(10 \times 0.025) \times 2$$
$$= +0.5 [\text{Nm}]$$

となります。プラス記号は反時計回りを示します。2つの

モーメントを足すと、

$$\text{モーメントの和} = -0.7 + 0.5 = -0.2 [\text{Nm}]$$

と、負のモーメントが残りました。これは同じ力で回した場合、Aの太いほうを持った人が勝つ（時計回りに回転する）ことを示します。このようにひとつの物体にいろいろな力がはたらいた場合、モーメントを足し合わせることによって、その物体が回転するかどうかがわかります。

また次の式のように、あるモーメント M_1 と別のモーメント M_2 を足し合わせたとき、和が0になった場合は、物体は回転しないことを示します。

$$M_1 + (-M_2) = 0$$

このとき、反時計回りのモーメントと時計回りのモーメントの大きさが等しくなります。これを**モーメントのつり合い**といいます。この式の M_2 を右辺に移動させると、

$$M_1 = M_2$$
反時計回りのモーメントの「大きさ」
＝時計回りのモーメントの「大きさ」

となり、モーメントがつり合っていることがよくわかります。

Part 1 力学

公式の利用

ボディーメカニクスとモーメント

　モーメントの知識は、体の構造を考える上でも役立ちます。そのため、リハビリや介護現場では必要な知識のひとつです。たとえば次の図のようにリンゴを持ち上げると、上腕の筋肉が鍛えられます。これはリンゴ（重力 $W[\text{N}]$）を持ち上げるためには、ひじ関節がモーメントの回転軸となり、上腕の筋肉の力がおのずと必要になるからです。では、この図のようにリンゴを静止させた場合の筋肉の力 f を求めてみましょう。

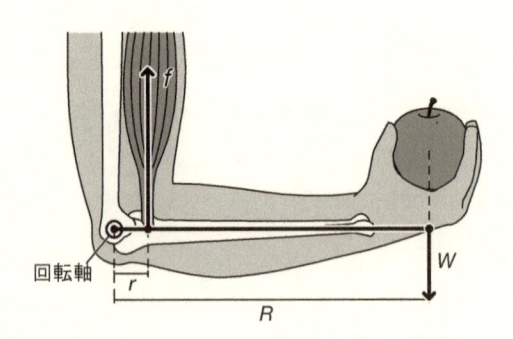

回転軸

　リンゴを静止させるためには、モーメントがつり合う必要があるので、

$$f \times r = W \times R$$

（反時計回りのモーメント＝時計回りのモーメント）

となります。これを上腕の筋肉の力 f について解くと、

$$f = \frac{R}{r}W$$

となります。筋肉は関節の近くについているため $R > r$ となり、$\frac{R}{r}$ は1よりも大きくなります。このことから上腕の筋肉は、リンゴにはたらく重力 W よりも大きな力を出す必要があることがわかります。

こんどは次の図のように、具合が悪くなって倒れた病人をストレッチャー(患者を運ぶときの台)に乗せることを考えてみましょう。

病人のとなり（図の手前）に、同じ高さのストレッチャーを置きます。この人をストレッチャーに乗せやすい姿勢は、①～③のうちどれでしょうか。

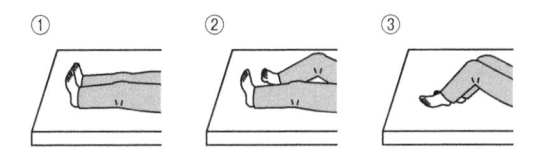

力のモーメントを考えるところがコツです。患者をゴロンと転がしてストレッチャーに乗せることを考えると、人間の体をつらぬく背骨付近が回転軸となります。モーメントの知識から、「モーメントにおける腕の長さ」をできるだけ大きくして、そこに力を加えれば、簡単に回転できることがわかりますね。「モーメントにおける腕の長さ」に相当するのが「ベッドから膝までの距離」です。そこで患

Part 1　力学

者の足を③のように深く折りたたみ、その後、膝を次の図のように手前に押すと、患者を楽に回転させてストレッチャーに乗せることができます。

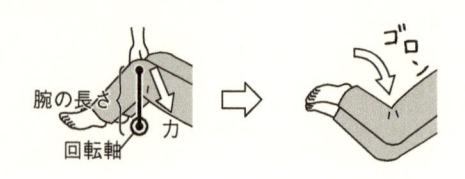

　床に寝っ転がって、だれかに押してもらって確かめてみてください。③のようにすると、いくらふんばっても簡単に転がされてしまいます。これは実際に看護師国家試験にも出た問題です。

マイケル・ジャクソンと不思議な空き缶

　次の写真は空き缶が倒れる瞬間ではありません。うまくバランスをとると、このような角度で空き缶を立てたまま静止させることができます。マイケル・ジャクソンの「スムーズ・クリミナル」という曲の中のダンス「ゼロ・グラビティー」に似ているので、これをマイケル・ジャクソン缶と名付けてみましたⓌⓌⓌ 6-1。

6 力のモーメント

やってみると、「なかなかうまくいかないなぁ」と思うかもしれません。じつはこのままでいくらやっても無駄だったのです。すみません！　これにはトリックがあります。

なぜこんな不安定な状態で立たせることができるのでしょうか。次の図①のように、通常の静止している空き缶は重力と垂直抗力が一直線になっている状態にあります。これだと倒れずにその場で立ち続けることができます。

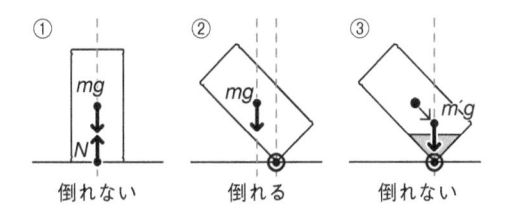

① 倒れない
② 倒れる
③ 倒れない

しかし図②のように傾けると、重心の位置が回転軸となる空き缶と床の接する場所よりも左側に来るため、回転して左側に倒れてしまいます。いくら挑戦しても立たないわ

けです。そこで、マイケル・ジャクソン缶には少量の水が入っています。このようにすると、重心の位置が少し右側にずれて、回転軸の真上に来ることがあります。③のように水を調整すれば、①の場合と同じように重力と垂直抗力が一直線上になるため、静止させることができます。缶の中に4分の1くらい水を入れると成功しやすいようです。

また、人間の体の重心はだいたいおへそのあたりにあります。私たちが転んで倒れるときは、②のようにつま先（回転軸）よりも、おへそが前方か後方に突き出している状態です。では、マイケル・ジャクソンはなぜ倒れないのでしょうか。事前にたくさん水を飲んで重心を変えているから？　いえいえ、そうではありません。じつは特殊な靴を履き、舞台と固定しているのだそうです（ズルイ！）。このトリックはなんと特許が取られているそうです。

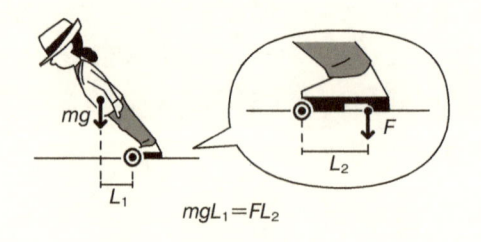

$mgL_1 = FL_2$

7 力学的エネルギー
エネルギーや仕事って何？

> **公式**
>
> $E = \dfrac{1}{2} m v^2$
>
> 運動エネルギー
> $= \dfrac{1}{2} \times$ 質量 × 速度の2乗
>
> $E = mgh$
> 位置エネルギー
> $=$ 質量 × 重力加速度 × 高さ

「エネルギーが切れた～。もう動けないよ～」

エネルギーという言葉は日常よく耳にします。でも、「ねぇねぇ、エネルギーってどんなもの？」と子どもに聞かれたら、どう答えますか。なかなか正確に答えるのが難しい質問ですね。

エネルギーとは物ではなく、仕事をすることができる「能力」のことをいいます。「仕事ってどんな仕事？」「能力とは何？」と思った人がいるかもしれません。ここでいう仕事とは、日常生活で使っている仕事とは少し違います。

まず上の2つの公式を見てみましょう。運動エネルギーのポイントは v（速度）にあります。位置エネルギーのポ

イントは h（高さ）にあります。つまり、速度 v や高さ h がエネルギーを知るためのキーワードになるわけです。

これを踏まえた上で、それではまず物理でいう**仕事**について見ていきましょう。物理では、仕事とは「物体に加えた力」×「そのとき移動した距離」で定義されています。

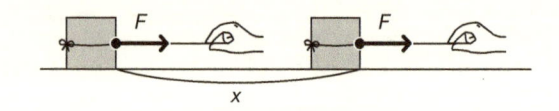

$$W = Fx$$
仕事＝力×移動距離

いくら力を加えても、その物体が動かなければ、物理でいうところの仕事は 0 J（ジュール）です。仕事の単位は組立単位だと Nm（ニュートンメートル）ですが、よく使うのでこれを J（ジュール）の1文字で表します。感覚としては、床においた牛乳パック（重力 10 N）を持ってゆっくりとおへその高さ、およそ 1 m まで持ち上げたときの仕事が 10 J です。

エネルギーとは仕事をすることができる能力である、と説明しました。もう少しわかりやすく説明すると、「エネルギーとは物体に力を加えて動かすことができる可能性」です。たとえば、地面に置いたボールはエネルギーを持っていません。仕事をする可能性は秘めていないからです。

しかし、ボールを転がすとエネルギーを持ちます。「え、同じボールなのに？」と思いますよね。なぜなら動いているボールは他の物体にぶつかって、その物体に力を加えて

7　力学的エネルギー

動かすこと、つまり「仕事をする可能性を持っている」からです。

またボールを持ち上げると、なんとそのボールはエネルギーを持ちます。なぜなら手を離せば下にある物体に、たとえば釘などに力を加えて板などに打ち付ける仕事をすることができるからです。

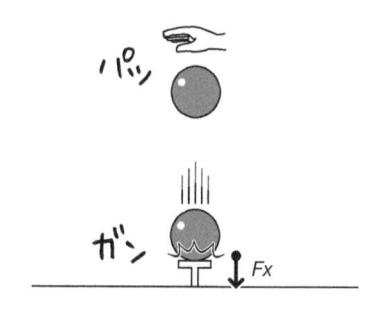

前者のような動いた物体の持つエネルギーを**運動エネルギー**といい、後者のように高さのある物体の持つエネルギーを**位置エネルギー**といいます。それでは、はじめに運動エネルギーの公式を導いてみましょう。ある静止した物体に一定の力 $F[\mathrm{N}]$ を距離 $x[\mathrm{m}]$ の地点まで加え続けた、つまり仕事 Fx を与えたとします。

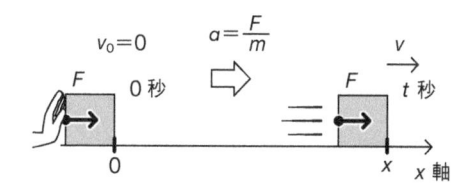

等加速度直線運動の位置の式①と速度の式②は次のよう

になります。

$$x = \frac{1}{2}at^2 + \underset{\underset{0}{\uparrow}}{v_0 t} \quad \Rightarrow \quad x = \frac{1}{2}at^2 \quad \cdots\cdots 式①$$

$$v = at + \underset{\underset{0}{\uparrow}}{v_0} \quad \Rightarrow \quad v = at \quad \cdots\cdots 式②$$

式②を時間 t について解き、式①に代入します。

$$式②より \quad t = \frac{v}{a}$$

$$式①に代入して \quad x = \frac{1}{2}a\left(\frac{v}{a}\right)^2$$

$$ax = \frac{1}{2}v^2$$

ここで運動方程式 ($ma = F$) を加速度 a について解き ($a = \frac{F}{m}$)、左辺の加速度 a に代入して、仕事 Fx について求めます。

$$\frac{F}{m}x = \frac{1}{2}v^2$$

$$\underline{Fx} = \underline{\frac{1}{2}mv^2}$$

　　仕事　　運動エネルギー

7　力学的エネルギー

　左辺が仕事 Fx です。右辺に出てきた $\frac{1}{2}mv^2$ が物体に仕事を与えたときに出てくるもので、これがエネルギーです。このエネルギーを運動エネルギーといいます。たしかに速度 v が含まれているので、運動していることがわかります。またこの式を右辺から左辺へと見れば、「運動エネルギー $\frac{1}{2}mv^2$ があれば、仕事 Fx ができるよ」ということにもなります。

　試しに車が時速 30 km で走っているときの運動エネルギーを計算して、その大きさを想像してみましょう。普通車の質量はだいたい 1000 kg（1 トン）です。時速 30 km（およそ 8 m/s）で動いていたとき、自動車の持つ運動エネルギーは、

$$運動エネルギー\ E = \frac{1}{2} \times 1000 \times 8^2 = 32000\,[\mathrm{J}]$$

となります。このエネルギーは牛乳パック 1 本（重力 10 N）なら 3200 m 上空まで運ぶことができるほどです。すごいエネルギーを持っていることがわかります。

　次に位置エネルギーです。物体をある高さ $h\,[\mathrm{m}]$ まで持ち上げる場合を考えます。このとき重力とは逆の上方向に、力を加えて動かす必要があります。手がする仕事を求めると、

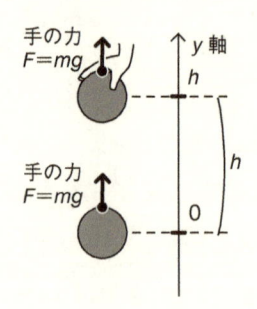

$$Fx = mg \times h$$
$$= mgh$$

となります。右辺に出てきた mgh が、物体に仕事 Fx を与えたときに出てくるエネルギーです。このエネルギーを位置エネルギーといいます。このとき $h[\mathrm{m}]$ の高さにある持ち上げられた物体は、手を離せば重力によって落下し、mgh の仕事ができる可能性を持っています。たとえば、高さ 0.5 m の机の上にある牛乳パック 1 本（1 kg）の持つ位置エネルギーは、およそ $1 \times 10 \times 0.5 = 5$ J となります。

またある高さを飛んでいる飛行機は、位置エネルギーと運動エネルギーの両方を持っています。運動エネルギーと位置エネルギーの和を力学的エネルギーといい、熱エネルギーや電気エネルギーと区別しています。

公式の利用

働き者と仕事率

10 秒で 100 J の仕事をする機械 A と、1 時間で 100 J の

仕事をする機械Bがあるとします。あなたはどちらがほしいですか。もちろん機械Aがほしいですよね。

仕事の公式だけを見ると、仕事には時間の考え方が入っていません。効率の良さを表す物理量を**仕事率P**といいます。仕事率の単位にはW(ワット)を用い、1Wとは1秒間で1Jの仕事をすることを示します。

$$P = \frac{W}{t}$$

$$仕事率 = \frac{仕事}{かかった時間}$$

機械Aの仕事率を計算すると、100 J ÷ 10 秒 = 10 W になり、機械Bの仕事率は 100 J ÷ 3600 秒 ≒ 0.03 W となります。つまり機械Aのほうがよっぽど機械Bよりも働き者だということがわかります。ヘアドライヤーなどを見ると性能を示すために「○○ W」と書かれていますが、これも仕事率と同じ単位なので、ワット数が高いほど同じ時間でたくさん仕事をする(＝たくさんのエネルギーを使う)ことがわかります。

8 力学的エネルギー保存の法則
ジェットコースターの速度が計算できるすごい法則

公式

はじめの力学的エネルギー
＝あとの力学的エネルギー

　前項ではエネルギーと仕事について説明しましたが、エネルギーの考え方はいったい何の役に立つのでしょうか。日常生活で効用を感じることができるのは、ある条件のもとで「力学的エネルギー保存の法則」が成り立つためです。

　たとえば、ある物体を図のように初速度 v_0 で投げ上げた場合を考えます。

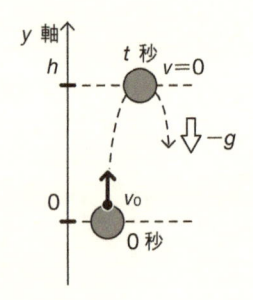

　このとき物体は運動エネルギーを失っていき（少しずつ速度が減っていき）、最高点では瞬間的に止まり速度はゼロになります。しかしその代わりに位置が高くなっている

8 力学的エネルギー保存の法則

ので、位置エネルギーが増えていることがわかります。そしてなんと、投げたときの運動エネルギー $\frac{1}{2}mv^2$ と、最高点の位置エネルギー mgh は等しくなるのです。これが力学的エネルギー保存の法則です。

数式を使って2つが等しくなることを確かめてみましょう。等加速度直線運動の公式の「位置の式」について、最高点に達したときの条件を代入すると次のようになります。

$$y = \frac{1}{2}at^2 + v_0 t \;\Rightarrow\; h = -\frac{1}{2}gt^2 + v_0 t \quad \cdots\cdots 式①$$
$\uparrow\quad\;\;\;\uparrow\quad\;\uparrow$
$h\quad\;\;-g\quad v_0$

また速度の式を立てると、次のようになります。

$$v = at + v_0 \;\Rightarrow\; 0 = -gt + v_0 \quad \cdots\cdots 式②$$
$\uparrow\quad\;\uparrow$
$0\quad -g$

式②を t について解くと、

$$t = \frac{v_0}{g}$$

これを式①に代入して最高点 h について求めます。

$$h = -\frac{1}{2}g\left(\frac{v_0}{g}\right)^2 + v_0 \frac{v_0}{g}$$
$$= \frac{v_0^2}{2g}$$

Part 1　力学

この式を $\frac{1}{2}v_0^2$ について整理すると、

$$\frac{1}{2}v_0^2 = gh$$

両辺に m を掛けると、

$$\frac{1}{2}mv_0^2 = mgh$$

運動エネルギー＝位置エネルギー

　左辺が運動エネルギー、右辺が位置エネルギーとなります。この式は、はじめの運動エネルギーと最高点の位置エネルギーが等しくなっていることを示しています。つまり、力学的エネルギーは運動の前後で変化していません。これが力学的エネルギーの保存です。

　力学的エネルギーの保存を使うと、たとえば 10 m の高さから質量 m[kg] の物体を落とすと、その物体が地面に到達したとき、どのような速度 v になっているのかを、等加速度直線運動の公式よりもずっと楽に、そして速く計算することができます。

　それでは計算をしてみましょう。力学的エネルギーの保存より、

8 力学的エネルギー保存の法則

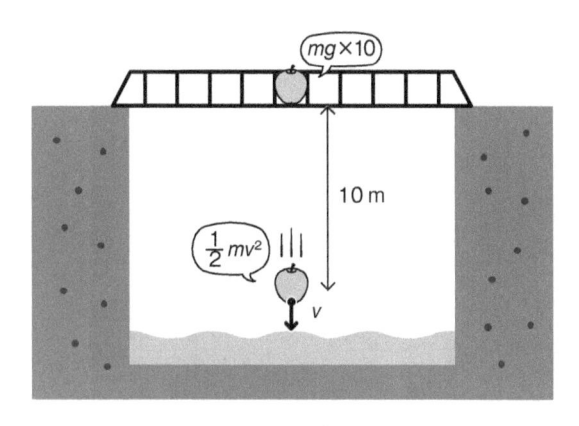

$$mg \times 10 = \frac{1}{2}mv^2$$

(はじめの位置エネルギー＝あとの運動エネルギー)

これを速度 v について解くと、14 m/s となります。1 行で解くことができました。とても便利ですね。

日常には力学的エネルギーが保存しないときも場合によってはあります。たとえば消しゴムを机の上で動かして手を放すと、消しゴムは止まってしまいます。はじめに持っていた運動エネルギーが消えてしまいました。高さも増えていません。このような場合、力学的エネルギーは保存しません。

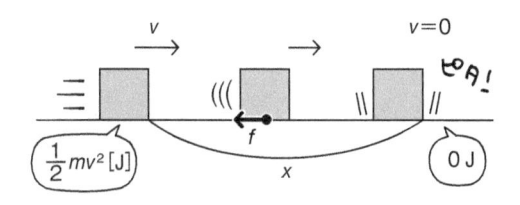

Part 1 　力学

　それでは力学的エネルギーはいったいどこに消えてしまったのでしょうか。じつは摩擦力が仕事をして、運動エネルギーを奪っていたのです。仕事とエネルギーの式はこの場合、次のようになります。

$$\underbrace{\frac{1}{2}mv^2}_{\text{はじめのエネルギー}} + \underbrace{(-fx)}_{\text{負の仕事}} = \underset{\uparrow \text{あとのエネルギー}}{0}$$

　運動を妨げた摩擦力の仕事にはマイナスをつけます。運動エネルギーについて解くと、

$$\underbrace{\frac{1}{2}mv^2}_{\text{運動エネルギー}} = \underbrace{fx}_{\text{摩擦力の仕事}} \quad \cdots\cdots 式③$$

となり、運動エネルギーが摩擦力の仕事に使われたことがわかります。

　力学的エネルギーは、このように重力を除いた外からの力（**外力**という）がはたらいている場合には保存しません。外力である摩擦力のした仕事は、摩擦熱という熱エネルギーになって力学的エネルギーとしては減少してしまいます。消しゴムを机でゴシゴシこすった後に机を触ると、温度が上がり熱くなっているのがそのよい例です。力学的エネルギーは保存しませんが、摩擦熱の熱エネルギーを含めると、エネルギーは式③のように保存しています。

このように力学的エネルギー以外の、熱エネルギーや電気エネルギーなどすべてのエネルギーを考えると、エネルギーは保存しています。これを**エネルギー保存の法則**といいます。

公式の利用

ジェットコースターと力学的エネルギーの保存

ジェットコースターや振り子には、重力以外の垂直抗力や張力などの外力がはたらいているので、力学的エネルギーは一見保存していないように見えます。

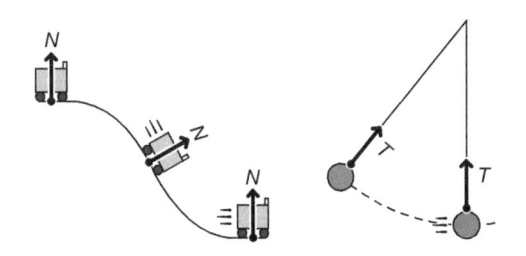

しかし、垂直抗力や張力は常に物体の運動方向と垂直にはたらきます。仕事は、物体の運動を助けたか（プラスの仕事）、妨げたか（マイナスの仕事）でその大きさが決まります。垂直抗力や張力など運動方向に対して垂直な力は、移動方向とは関係ない方向を向いているため、仕事をしていません。仕事はゼロです。なんとこのような場合では、力学的エネルギーの保存は成り立つのです。これがまた、力学的エネルギーの保存則が実際におおいに役立つと

ころなのです。

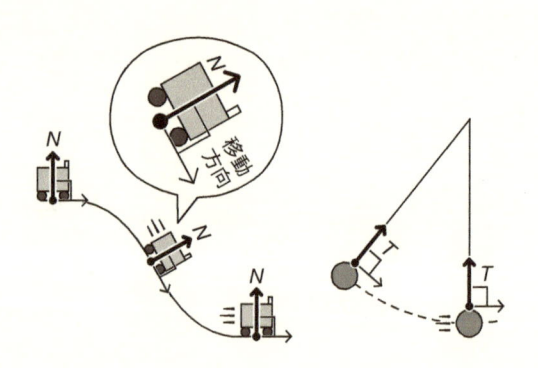

たとえば、東京ディズニーランドで最高速度を誇るアトラクション「スプラッシュ・マウンテン」の速度を求めてみましょう。公式サイトには、

> 丸太のボートに乗って、アメリカ南部の沼地を進んでいきます。そこで暮らしているのは、たくさんの小動物たち。彼らのゆかいな姿をながめながらのんびりと旅を楽しんでいると、突然目の前に落差16メートルの滝が！ ボートは滝つぼめがけ、ダイビング！

と書かれていました。落差は16 m。丸太ボートと観客の重さをm[kg]として、最高速度を計算してみましょう。

8 力学的エネルギー保存の法則

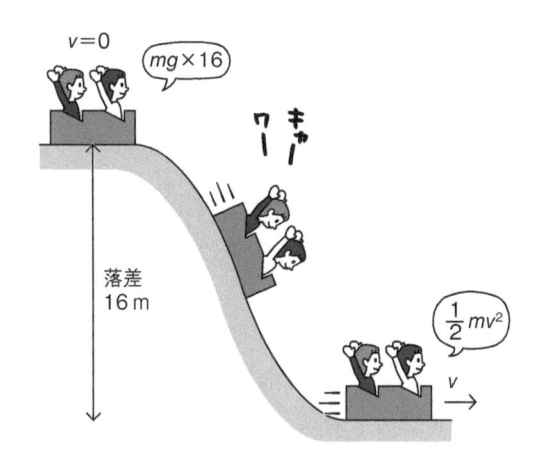

$$mg \times 16 = \frac{1}{2}mv^2$$

（位置エネルギー＝運動エネルギー）

$$v = \sqrt{2 \times 9.8 \times 16}$$

$$\fallingdotseq 17.7 \text{ m/s}(63.7 \text{ km/h})$$

計算では時速 63.7 km となりました。東京ディズニーランドの公式ページには最高速度は記載されていませんが、計算通りだとするとかなりのスピードです。

同様に、富士急ハイランドの FUJIYAMA というジェットコースターについても計算してみましょう。公式サイトによれば、最大落差 70 m、最高速度時速 130 km となっています。なんて恐ろしい……。想像するだけで足がすくみますが、速度を計算してみましょう。

$$mg \times 70 = \frac{1}{2}mv^2$$

(位置エネルギー＝運動エネルギー)

$$v = \sqrt{2 \times 9.8 \times 70}$$
$$\fallingdotseq 37.0 \text{ m/s} (133 \text{ km/h})$$

　公式サイトの情報とほぼ一致することがわかります。計算値よりも実際の速さが少し遅いのは、レールの摩擦や空気抵抗の負の仕事によるものでしょう。力学的エネルギーの保存を知っているだけで、ジェットコースターの設計士になれるかもしれませんね。

9 運動量とその保存
衝突や分裂にも法則があった

公式

$P = mv$
運動量 = 質量 × 速度

運動量や力積という言葉を覚えていますか。運動量と力積は、第7項で説明したエネルギーと仕事の関係に近い考え方で作られた物理量です。

エネルギーとは、ある物体が他の物体を動かす可能性のことでした。じつはエネルギーは、力の効果を表現するひとつの物理量で、それだけでは不十分なところがあります。たとえばボールを投げ上げたとき、ボールの最高点の高さhは、投げたときの運動エネルギー（初速度v_0の2乗）に比例します。しかしボールが最高点に達するまでの時間は、運動エネルギーには比例しません。最高点に達する時間は等加速度直線運動の速度の式より、

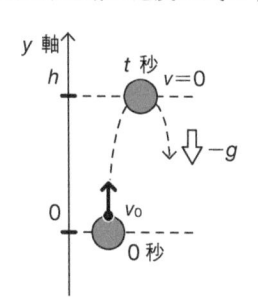

$$\frac{1}{2}mv_0^2 = mgh$$

$$\Downarrow$$

$$h = \frac{1}{2g} \times v_0^2$$

$$v = at + v_0$$
$$\uparrow \quad \uparrow$$
$$0 \quad -g$$

$$\Downarrow$$

$$0 = -gt + v_0$$

$$\Downarrow$$

$$t = \frac{1}{g} \times v_0$$

となり、初速度 v_0 に比例します。

> 最高点の高さ h ……v_0^2 に比例
> 最高点までにかかる時間 t ……v_0 に比例

このように時間 t を求めたい場合には、力学的エネルギーだけでは力の効果を表すのに不十分です。それはエネルギーや仕事では、力の関わった距離に注目していることに関係しています。

そこで力の効果を表現する別の方法として、力のはたらいた時間に着目したのが運動量と力積の関係です。**力積**とは、力とそれが加わった時間の積で、力の効果を表した物理量です。

$$I = Ft$$
力積 = 力 × 時間

力積の単位は Ns(ニュートン秒) を使います。

次の図のように、静止している物体に一定の力 F を t 秒

9 運動量とその保存

間、加えたとします。このとき物体はどのような物理量を得るのか数式を使って考えてみましょう。

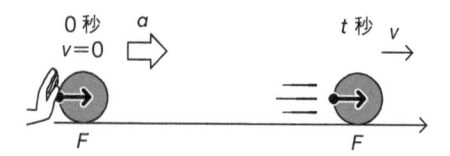

等加速度直線運動の速度の式より、

$$v = v_0 + at \quad \Rightarrow \quad v = at$$
（$v_0 = 0$）

両辺に m をかけると、

$$mv = (ma)t$$

また運動方程式（$ma = F$）より、ma の代わりに力 F を代入し右辺と左辺をひっくり返すと、

$$Ft = mv$$

となります。この式から、「物体に力積 Ft を与えると、mv という物理量を得た」と考えることができます。この右辺の質量 m × 速度 v のことを**運動量 P** といいます。

$$P = mv$$
運動量 = 質量 × 速度

95

Part 1 力学

　運動量の単位は組立単位で[kgm/s]を使います。力積や運動量は、力や速度と同じ**ベクトル量**です。つまり向きに注意をして計算しなければいけません。向きを気にしなかった運動エネルギーとは大きく違うところです。

　力積と運動量を使ってサッカーのヘディングを例に、物体の運動について考えてみましょう。たとえば、水平に飛んできたサッカーボールをヘディングで真上に同じ速さで返す場合を考えます。このとき次の図の①と②のうち、ボールにはどちらの向きに力を加えればよいでしょうか？

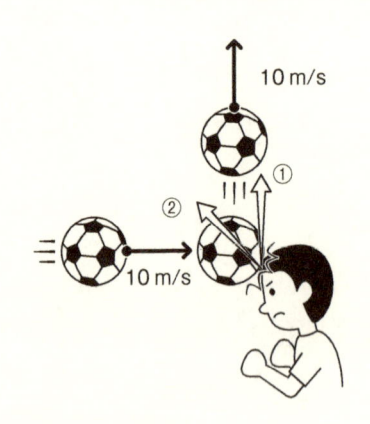

　①という答えが多そうですが、そうではありません。正解は②です。運動量と力積を使って考えてみるとよくわかります。このときの運動の前後の運動量と力積の関係は、次の図のようになります。

9 運動量とその保存

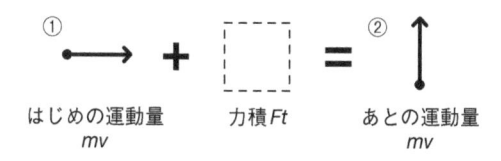

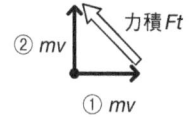

① はじめの運動量 mv ＋ 力積 Ft ＝ ② あとの運動量 mv

② mv　力積 Ft　① mv

　ボールは真上に行きましたが、ヘディングする際にはこのように斜め45度に力を加えなければいけません。もし真上に力を加えたら、右上に飛んで行ってしまいます。

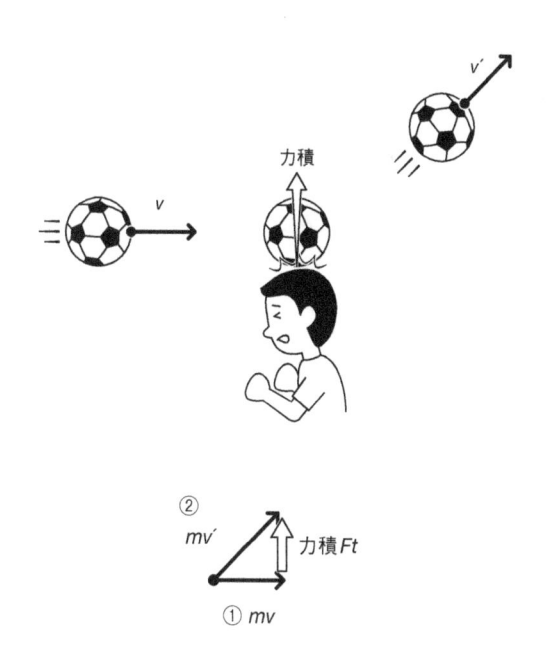

② mv'　力積 Ft　① mv

Part 1　力学

　このように力積と運動量の関係は、ベクトルを使って考えていきます。

　さて力積と運動量について学んできましたが、ひとつ問題があります。実用面で考えると運動量はよいのですが、力積 Ft は実際には測定するのがとても難しい物理量です。その理由は、衝突などによって物体に力が加わるとき、その衝突時間 t は 0.05 秒などごくわずかな場合が多く、測定するのが難しいことがあります。加えて衝突の際にはたらく力 F を測定するのも困難です。このため運動量と力積の関係は、エネルギーのように便利に使うことがこのままだとできません。ところが、すでに学習したある法則を使って、やっかいな力積を消してしまう方法があるのです。

　たとえば次の図のように、乗用車（質量 m）がトラック（質量 M）に追突したとします。

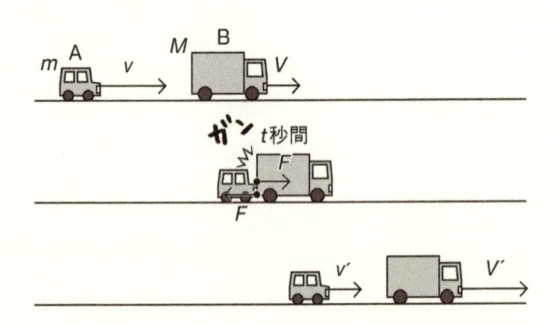

　まず、追突されたトラックの立場になって運動量と力積について見てみましょう。ノロノロと速度 V で動いているトラックは、衝突された瞬間、力 F を右向きに受けます。わずかな衝突時間を t 秒間とすると、トラックは右向きの

9 運動量とその保存

力積 Ft を受けます。この勢いによって追突されたトラックは速度が増し、速度が V' になったとします。ここで運動量と力積の関係により、

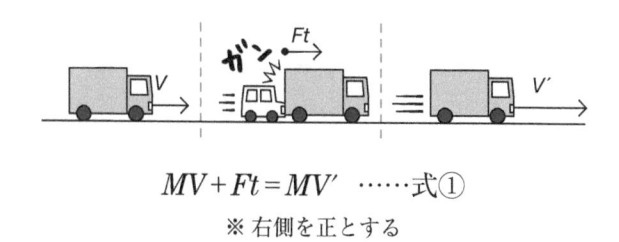

$$MV + Ft = MV' \quad \cdots\cdots 式①$$

※右側を正とする

という式を作ることができます。

次に乗用車の立場で考えてみましょう。乗用車は追突時、左向きの力を t 秒間受けます。このとき受ける力の大きさは作用反作用の法則から、トラックと同じ大きさ F で、力積は $-Ft$（マイナスは左向きという意味）となります。乗用車のはじめの速度を v、追突後の速度を v' とすると、運動量と力積の関係により、

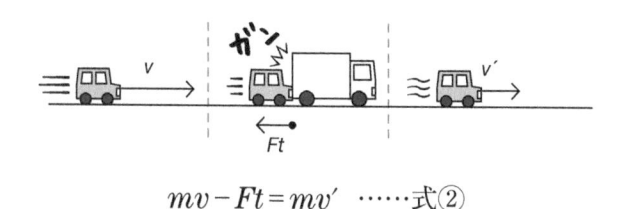

$$mv - Ft = mv' \quad \cdots\cdots 式②$$

となります。式①と式②を足し合わせてみましょう。

Part 1　力学

$$MV + Ft = MV' \quad \cdots\cdots 式①$$
$$+\underline{)\ mv - Ft = mv' \quad \cdots\cdots 式②}$$
$$mv + MV = mv' + MV'$$

するとなんと力積が差し引きゼロとなり、消えてしまいます！

この式をよく見てください。左辺の $mv + MV$ は、乗用車とトラックの2台がはじめに持っていた運動量の和を、また右辺の $mv' + MV'$ は追突後の運動量の和を表しています。これらがイコールで結ばれたため、2台を同時に見ると運動量の和が変化しないことが示されました。これを**運動量保存の法則**といいます。

> 運動量保存の法則
> はじめの運動量の和＝あとの運動量の和

この法則は、作用反作用の法則が土台となっています。そのため、複数の物体が力を及ぼし合ったときにも成り立ちます。ビリヤードの球の運動などの衝突現象にも使える、実用的で便利な法則のひとつです。

公式の利用

ロケットの推進力と運動量の保存

ボートに乗って池の中央までこぎました。静止させて景色を眺めていると、オールをあやまって落としてしまった

9 運動量とその保存

とします。オールを使わずに、どうすればボートを岸まで動かすことができるでしょうか。

こんなとき、運動量保存の法則を知っていると役に立ちます。次の図のようになるべく重いもの、たとえばリュックなどを後方にできるだけ速い速度で投げると、ボートは前方に大きな推進力を受け、動き出します。

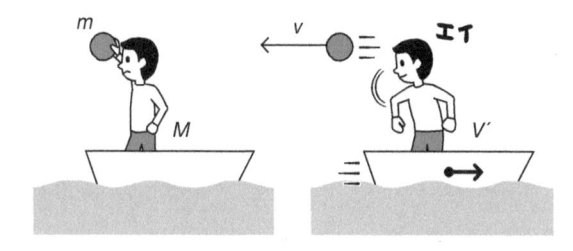

なんとなくイメージできると思いますが、数式で考えてみましょう。リュックの質量をm、人間を含めたボートの質量をMとします。図の右方向を正とします。ボートが止まっているときの全体の運動量の和は

$$M \times 0 + m \times 0 \quad \cdots\cdots 式③$$
(ボートの運動量＋リュックの運動量)

となります。次にリュックを左向きにvの速さで投げたとすると、リュックは運動量$-mv$を得ます（マイナスは左向きを表します）。このときボートがもらった速度をV'とすると、投げたあとの全体の運動量は、

$$MV' + (-mv) \quad \cdots\cdots 式④$$
(ボートの運動量＋リュックの運動量)

となります。運動量保存の法則(式③=式④)より、

$$M \times 0 + m \times 0 = MV' + m(-v)$$

となります。この式から、自分を含めたボート全体の速度 V' について求めると、

$$V' = \frac{m}{M} v$$

となります。数式を見ると、値が正となっているため、このボートは右に前進することがわかりますね。大きな速度 V' を得て前進するためには、リュックに何かを詰めて重くして投げるか(m を大きくする)、リュックを投げる速度を速くするか(v を大きくする)、またはボート自体を軽くする(M を小さくする)必要があることがわかります。

宇宙を飛ぶロケットも、基本的には同じ原理で推進力を得ています。ロケットの場合、リュックにあたるものは高速で噴射されるガスです。また多段ロケットの場合は、ガスの噴射だけではなく、本体ロケットから燃料タンクなどの一部分を切り離して後方に投げることによって、つまり大きな質量を後方に押し出すことによって、さらに前に進む推進力を得る工夫をしています。

花火の形はなぜ球状なのか

衝突にかぎらず分裂するときも、その物体内で力を及ぼし合っているので、運動量は保存します。たとえば花火の玉は最高点付近で炸裂します。花火玉の中の星(火薬で作

られた小さな玉）が燃えながら四方八方に、放射状に飛びちり、きれいな円が広がっていくように見えます。花火が炸裂するときにも、運動量保存の法則が成り立っています。

すべての星の質量が等しいと仮定すると、次の図のようにＡの星が上にはじけると、この運動量の保存により、Ｂの星は下にはじけます。Ｃの星が右に飛ぶと、Ｄの星は左にはじけます。すべての星の質量が同じであれば、速さも同じになるため、きれいな球状に広がっていくように見えます。

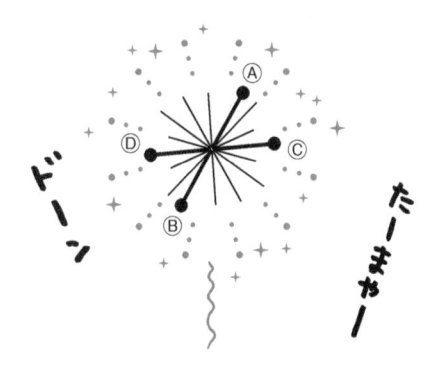

また最高点付近で炸裂したとすると、四方八方、すべての星の運動量を足し合わせると、その運動量は０になるはずです。このような物理色のメガネで花火を眺めると面白いですね。

Part 1 力学

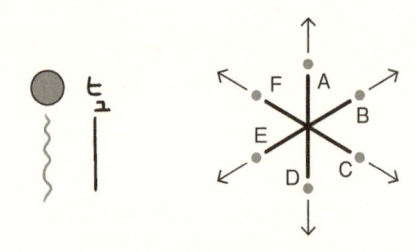

$$0 = m\vec{v_A} + m\vec{v_B} + m\vec{v_C} + \cdots\cdots$$

10 万有引力の公式
宇宙をつらぬく不思議な力

公式

$$F = G\frac{Mm}{r^2}$$

万有引力＝万有引力定数
$\times \dfrac{\text{物体１の質量} \times \text{物体２の質量}}{\text{物体間の距離の２乗}}$

　地球上のすべての物体は、重力によって地面に引かれています。たとえば、机の上に置いたリンゴには重力がはたらいています。このリンゴを持ち上げて、手を離すと、リンゴは地面に向かって落ちていきます。日本の反対側のチリでリンゴを同じように落とすと、日本の方向、つまりチリの地面に向かって落ちていきます。重力はこのように地球の中心方向に向かって物体を引っ張ります。

　ところで、作用反作用の法則がすべての力について成り立っているとすれば、重力にも反作用力があるはずです。重力の反作用力は何だと思いますか？　重力は

地球がリンゴを引く力

です。反作用力は主語と目的語を変えるとわかります。つまり

リンゴが地球を引く力

これが反作用力です。ニュートンはリンゴが地球に落ちるのは、地球とリンゴがこのように引き合っているためと考えました。

質量とは「動きにくさ」を示しています。リンゴだけが動くように見えるのは、地球の質量がリンゴに対してものすごく大きいためです。この力はリンゴと地球の間だけではなく、すべての物体についても同様で、物体同士はお互いに引き合っています。この力を**万有引力**といいます。重力の正体は、地球と地球上の物体の間の万有引力だったのです。

さらに、17世紀にケプラーが発見した惑星運動の法則と、ニュートンの運動方程式から、万有引力の大きさは次の式のように2物体の質量の積に比例し、距離の2乗に反比例することが導かれました。

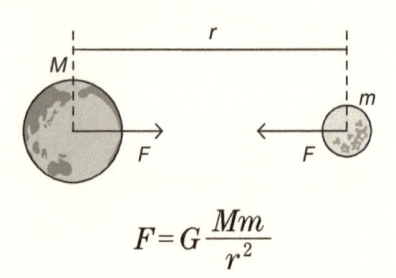

$$F = G\frac{Mm}{r^2}$$

ここで比例定数 G を**万有引力定数**と呼びます。G の値は $6.67 \times 10^{-11}\,\mathrm{Nm^2/kg^2}$ という、とても小さな数字です。万有引力はすべての物体にはたらき、私たち人間同士も引き

つけ合っています。たとえば質量50 kgの2人が1 m離れて向かい合った場合、この2人の間にはたらく万有引力の大きさを求めてみると、

$$F = 6.67 \times 10^{-11} \times \frac{50 \times 50}{1^2}$$
$$= 0.00000017 [\text{N}]$$

となり、力は実際にはたらいているのですが、小さすぎて感じることができません。

次に人間と人間ではなく、相手を地球に変えて、地球と50 kgの人間にはたらく万有引力を計算してみましょう。調べてみると地球の半径はおよそ6400 km、地球の質量はおよそ6.0×10^{24} kgです。これらをもとに計算すると、

$$F = 6.67 \times 10^{-11} \times \frac{50 \times (6.0 \times 10^{24})}{(6400 \times 10^3)^2}$$
$$= 489 [\text{N}]$$

となり、実際に日常生活に影響を及ぼす力となって私たちの前に現れます。重力の公式（$W = mg$）を使って50 kgの人間にはたらく重力を計算すると、$W = 50 \times 9.8 = 490 [\text{N}]$となり、万有引力とほぼ一致しました。この結果は当たり前で、重力の原因は、じつは万有引力だからです。

万有引力は物体に触れていなくても、空間を伝わって私たちや物体に影響を及ぼす不思議な力です。この力は、地球があることによって空間の性質が変化したために発生したと考えることができます。これを「場」の考え方といい

ます。

たとえば空間をガッチリとしたものではなく、次の図のようにフワフワとしたスポンジのような物だと考えてみましょう。この空間にリンゴの代わりとしてパチンコ玉を置いてみます。ジーッと見ていてもパチンコ玉は転がっていきません。つまり、パチンコ玉はスポンジの表面から力を受けません。

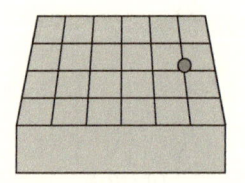

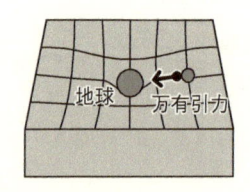

スポンジ

次に、あらかじめスポンジの上に地球の代わりとして重い水晶球を置いておくと、スポンジはへこみます。つまりスポンジの表面である空間が変化します。ここに先のパチンコ玉（リンゴ）を置くと、スポンジ表面のゆがみによって力を受け、水晶球（地球）に引き寄せられていきます。水晶球に近づけば近づくほど、空間のゆがみは激しいので、パチンコ玉は大きな力を受けます。このように、万有引力は空間のゆがみで説明することができます。

公式の利用

地球の重さの量り方

先ほど、地球の質量は $6.0 \times 10^{24}\,\mathrm{kg}$ だと書きましたが、

10 万有引力の公式

地球の質量ははたしてどのようにして測定されたのでしょうか。まさか地球を体重計の上に乗せて、その質量を量るなんてことはできませんよね。イギリスのキャベンディッシュという科学者はある実験を行い、結果として地球の質量を量ることができました。今から200年ほど前のことです。いったいどのようにして地球の質量が求められたのでしょうか。

質量 m のリンゴにはたらく重力は mg です。重力の正体は、このリンゴにはたらく万有引力です。よって地球の半径を R、地球の質量を M、リンゴの質量を m とすると、重力は万有引力で表すこともできるはずです。

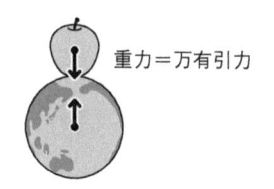

重力＝万有引力

$$mg = G\frac{Mm}{R^2} \quad \text{……式①}$$

重力＝万有引力

この式を M について解くと、

$$M = \frac{gR^2}{G} \quad \text{……式②}$$

となります。右辺の g、R、G がわかれば、地球の質量 M を求めることができます。地上の重力加速度 g は 9.8 m/s^2、

地球の半径 R はおよそ 6400 km（キャベンディッシュの時代にはすでに地球の半径は 2 地点間の太陽高度を使って推測されていました）。残すは G のみです。

キャベンディッシュはねじれ秤という装置を使って、2 つの鉛の球にはたらく万有引力から、万有引力定数 G を測定する実験をし、ついに求めることに成功しました。万有引力定数 G の値は現在 $6.67 \times 10^{-11} \mathrm{Nm^2/kg^2}$ ということがわかっていますが、キャベンディッシュはほぼ正確にこの値を導き出すことができたのです。このことから式②に g、R、G の数値を代入して地球の質量 M について計算してみると、地球の質量 M はおよそ $6.0 \times 10^{24} \mathrm{kg}$ となります。

キャベンディッシュはこのように後世に名を残す優れた科学者ですが、一方で「変な人」としても有名でした。貴族の生まれでお金には不自由しなかったようですが、金銭欲や出世欲といったものがなく、対人恐怖症のため人と会うことは極力避け、研究に深く取り組んでいました。そして物理にかぎらず科学一般でさまざまな発見をしたのですが、その多くを世間に発表することなくこの世を去っています。

惑星による重力加速度の違い

アポロ計画で月面に降りた宇宙飛行士が、月面上をフワフワとまるで水の中を歩くように動いている姿をテレビなどで見たことがある人は多いと思います。これは月の重力加速度が地球に比べて小さいことによります。

式①を重力加速度について解くと、

©NASA

$$g = G\frac{M}{R^2} \quad \cdots\cdots 式③$$

となります。これが重力加速度 g の中身です。地球上で考えると、どんなに高く物体を放り投げても、地球の半径（$R = 6400$ km）から見れば、大きく離れることはありません。よって私たちの住む地上と地球の中心の距離は、R と同じおよそ 6400 km で一定と考えてもかまわないでしょう。このため G、M、R の数値を式③に代入すれば重力加速度 g はほぼ一定となり、9.8 m/s² という数字になります。

このように、地球を含めて惑星の表面の重力加速度は、惑星の半径 R や惑星の質量 M によって決まります。

月や火星など他の惑星に行けば、当然、重力加速度の大きさは変化します。月の半径は 1.7×10^6 m、質量は 7.3×10^{22} kg です。式③を使って月の重力加速度 g を求めると、およそ 1.6 m/s² となります。地球の重力加速度と比べると、およそ 6 分の 1 です。このため宇宙飛行士が月でジャ

ンプしても、地球よりもゆっくりと落ちてくるというわけです。

地球のまわりの惑星の重力加速度は次のとおりです。重力加速度だけで考えると、金星は地球と近いため、地球人にとって違和感なく住むことができるかもしれませんね。

水星 3.7 m/s^2　金星 8.9 m/s^2　地球 9.8 m/s^2
火星 3.7 m/s^2　木星 25 m/s^2

古典力学の王様　ニュートンの紹介

ニュートンが「運動の3法則」を発見したのは、なんと23〜24歳という若さでした。当時ヨーロッパではペストという病気が流行し、イギリスでもニュートンの通っていた大学が閉鎖され、彼は生家に戻っていました。そこで彼は思索を深めることになります。

ニュートンは当時すでに、糸の先におもりをつけてクルクルと回す（回転させる）ためには、糸を引っ張らないといけないことに気がついていました。このことから、月が地球のまわりを回るためには、同じように月を引っ張る力が必要であり、何かが月を引っ張っていることを思いつきます。そのことに加えて、リンゴが木から落ちたのを見て、
「地球がリンゴを引っ張る力と、地球が月を引っ張る力は同じ力なのではないのか？」
と考え、万有引力の発見に至ったという話が残っています。日常生活から宇宙にまで思考を広げる頭の柔らかさにあこがれてしまいますね。

Part 2 熱力学
粒子の動きで熱を捉える

「熱力学」という分野名の中には、「熱」と「力学」の２つの単語が入っています。高校物理の大きな特徴は、熱を粒子の運動、つまり力学の現象として結びつけ、捉え直すことにあります。そのためには物体を形づくる、原子や分子などの運動をイメージすることが大切です。

　熱力学をマスターすれば、気体に仕事をさせてピストンを動かすエンジンや、また気体や液体などの状態変化を利用するエアコンの仕組みがわかります。さて、熱力学ではどのような公式が登場するのでしょうか。それでは見ていきましょう。

11 熱量の公式
熱と温度の違いって何？

公式

$Q = mc\Delta T$
熱量＝質量×比熱×温度変化

　日常生活では「熱量」と「温度」をごちゃまぜにして使っているかもしれません。今回の公式の左辺には熱量 Q が、右辺には温度変化 ΔT があります。ただし右辺をよく見ると、ΔT にはその他に質量 m や比熱 c というものが掛かっていて、物理で使っている熱と温度が単なるイコールの関係ではないことがわかりますね。今回はこの違いについて考えながら、公式の示す物理的なイメージに迫っていきましょう。

　はじめに温度についてです。温度は温かさや冷たさの程度を数字で表したもので、日常では単位は「℃」を使っています。これを**セルシウス温度**といい、私たちにとって大切で身近な「水の状態」をもとに決められています。セルシウス温度は、水（液体）が氷（固体）になる温度を0℃とし、また水を温めて沸騰させたとき、水蒸気（気体）になる温度を100℃としています。

　太陽の表面温度は約6000℃もあります。ニュースなどで聞いたことがある人もいるかもしれません。しかし、地球上でも宇宙でも−1000℃などという数字を聞いたこと

はありますか。せいぜい−30℃くらいは聞いたことがあっても、−1000℃なんて耳にしたことがありませんよね。じつはどんなに冷やしても、物質は「ある温度」より低くならないのです。上限はなくても下限はある——温度には何か秘密がありそうです。

　物理や化学でよく使う温度の単位にK（ケルビン）があります。この単位は温度の下限と関係しています。どんな物質も分子や原子などの小さな粒子でできています。それら粒子はピタッと静止しているわけではなく、目には見えませんが常に細かく振動しています。

　たとえば机の上に置いた消しゴムは止まって見えますが、ミクロな目で見れば、じつは消しゴムの分子は振動しています。これを**熱運動**といいます。また水を加熱すると、水分子の振動が激しくなります。この熱運動の激しい水を触ると、たくさんの水分子が指にぶつかってきます。この水分子の衝突を、私たちは「痛い！」とは感じずに、「熱い！」と感じます。なぜでしょうか。

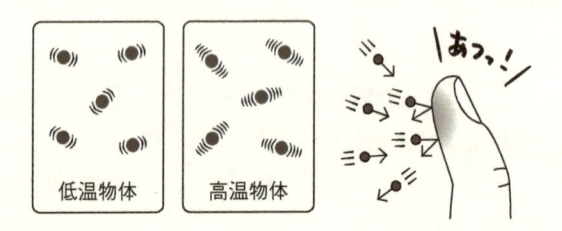

　水分子1つ1つは、速く動いているものもあれば、ゆっくりと動いているものもあります。この水分子1つ1つの持つ運動エネルギーの統計的な値（平均値のようなもの）

が「温度」の正体です。温度はこのように粒子の運動エネルギーと関係しているので、ある温度までしか下がりません。その温度とは、そう、熱運動が「止まるとき」です。運動エネルギーはゼロ。これが温度の最下限です。この最低ラインはセルシウス温度を使って表すとおよそ－273℃です。

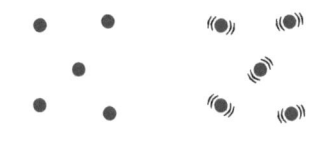

絶対温度 $T=0$ K　　　$T=273$ K
セルシウス温度 $t=-273$ ℃　　$t=0$ ℃

繰り返しますが、温度は－273℃よりも下がることはありません。K単位の基準は、この熱運動が止まる温度である－273℃を0Kと決めました。これをセルシウス温度に対して、**絶対温度**といいます。最低ラインを基準にしているので、絶対温度は必ず正の値になります。絶対温度 T [K]とセルシウス温度 t[℃]の間には次の関係式があります。

$$T[\mathrm{K}] = t[℃] + 273$$

たとえば気温が27℃のとき、絶対温度で表すと300Kとなります。

温度と熱運動についてわかったところで、こんどは公式の左辺、熱量について見ていくことにしましょう。温度が熱運動の運動エネルギーの平均値であったのに対して、**熱**

量とは熱運動の運動エネルギーの「量」を表します。たとえば10℃の水が1Lあっても、10Lあっても、温度は10℃。温度は量には関係ありません。しかし熱量は異なります。後者のほうが物質の量が多いぶん、熱運動の運動エネルギーの総量も多くなるので、大きな熱量を持っています。だから公式の右辺には、物体の量と関係のある質量 m が掛けられているのです。

もうひとつ、右辺についている c（比熱）とは何でしょうか。夏の暑い日に公園で遊んだことはありますよね。そのときブランコの鎖など金属でできたものを触ると、「アチッ！」と火傷をするような熱さになっています。強い日差し（太陽光）により金属が温められたからです。熱々になったマンホールなどは、焼き肉ができそうです。

ところがマンホールと同じように、太陽光に同じ時間さらされた池の水を触っても、生温いくらいで、火傷するほどの熱さではありません。これは物質によって、温度の上がり方が異なるからです。そこで物質の温度の上がりにくさを示す数値として、比熱 c というものを定義して使っています。**比熱**とは、ある物質1gの温度を1K上昇させるのに必要な熱量のことをいいます。熱量は、力学で使ったエネルギーの単位J（ジュール）を使います。身近なものの比熱を紹介しましょう。

水 4.2、エタノール 2.4、鉄 0.45、銀 0.24

※ 単位は J/(gK)

たとえば水1gの温度を1K上昇させるのに必要な熱量は4.2Jです。したがって水1gに420Jの熱量を与えると、420÷4.2＝100℃温度が上昇するということになります。また鉄1gに同じ420Jの熱量を与えると、420÷0.45≒930℃も温度が上がることになります。鉄のブランコやマンホールが温まりやすく、池の水が温まりにくいのは、このように比熱が大きく異なるためだったのです。

これらのことから、比熱 c[J/(gK)]の m[g]の物体に Q[J]の熱を加えたときの温度の上昇量 $\varDelta T$ は次の式で示すことができます。

$$\varDelta T = \frac{Q}{mc}$$

$\varDelta$（デルタ）は変化量を示す記号で、たとえばお風呂のお湯が300Kから310K(27℃から37℃)に上昇した場合の $\varDelta T$ は10K(＝10℃)となります。この式を Q について解くと熱量と温度の関係がよくわかります。

$$Q = mc\varDelta T$$

公式の利用

湯たんぽの中にはなぜお湯を入れるのか

比熱の大きい水は「温まりにくく、冷めにくい」性質を持っており、熱量を多く蓄えることができます。この性質を使った暖房器具が湯たんぽです。水はたくさんの熱を蓄えられるため、お湯を湯たんぽに入れれば一晩中冷めませ

ん。

　もし中身がすべて鉄の「鉄たんぽ」だったら、どうなると思いますか？　すぐに温まって火傷するほどアツアツになります。適温まで冷まして、布団に入れてさて寝ようと思うと、こんどはすぐに冷めてしまいます。鉄だとうまく機能をはたせません。比熱の大きな水は偉大なのですね。

分子の衝突をイメージしてみよう

　19世紀初頭までは、温かさや冷たさの正体が原子や分子などの粒子の振動だということはわかっていませんでした。それまでは「熱い」「冷たい」という感覚をもたらす「熱素」という、目に見えず重さのない流体が物質の中にあると考えられていました。これを**熱素説**といいます。温度が高い物体を置いておくと、その温度が少しずつ低くなっていくのは、熱素説では温度の高いほうから低いほうへと熱素が流れ出てしまうためだと説明されていました。

　高校物理の熱に関する分野には、熱力学という名前がついています。熱の正体は熱素ではなく、物質を構成する粒子の運動です。ボールの運動と同じ力学として考えることができます。そこで、冒頭の疑問「なぜ私たちは熱いものを触ったときの分子の衝突を、痛さではなく、熱さとして感じるのか」について、熱素説ではなく熱力学を用いて、具体的な数字で考えてみましょう。

　コップ1杯＝180 mLの水（分子量18 g）の中には6.0×10^{24}個という、想像できないようなたくさんの数の水分子が含まれています。また水分子1つの質量を計算してみ

ると $180 \div (6.0 \times 10^{24}) = 3.0 \times 10^{-23}$ g となり、きわめて小さな数字になります。これら1つ1つの小さな小さな分子の、きわめて多くの熱運動の動き1つ1つを、私たちの手が痛いと感じ取ることはできません。その代わりに熱い、あるいは冷たいという、痛みとは別の感覚として私たちは感じるのです。また熱運動だけではなく、湿度、風速、その物体の色などの心理的な要素によっても、脳が「感じる温度」は変わるそうです。

注射のとき、ヒヤッとするのはなぜ？

　注射を打つときは、はじめにアルコールで腕を拭かれます。しばらくするとスーッと冷たい感じがします。この冷たさは、注射される怖さからくるのではなく、アルコールが熱を奪うことによります。しかし、アルコール自体は冷蔵庫で冷やされているわけではなく、常温で、特別に冷たいわけではありません。それなのに、なぜ熱が奪われ冷たく感じるのでしょうか。

　物体は低温から高温になるにしたがって、固体・液体・気体の順番に状態が変化していきます。固体は粒子（原子や分子）の間の距離が小さく、粒子は場所を移動せずに振動している状態です。液体は固体のときと粒子の間の距離はあまり変わりませんが、自由に位置を変えられる状態です。気体は粒子の間の距離が広くなり、自由に飛び回っている状態です。

Part 2 熱力学

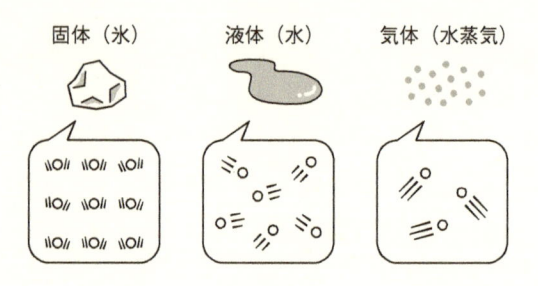

固体（氷）　　液体（水）　　気体（水蒸気）

次のグラフは、氷の状態にある水に一定の熱を加えていったときの温度変化の様子です。

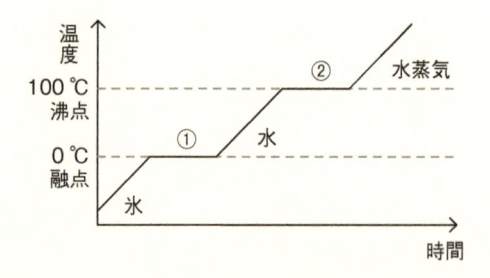

氷に熱を加えていくと、徐々に温度が上がっていき、0℃で融けて氷（固体）から水（液体）へと状態が変化します。状態変化しているときは、すべての氷が融けきるまで、温めても温度は上昇しません（①）。このときに加えた熱は、固体から液体に状態を変化させるために使われています。この熱を**融解熱**といいます。

さらに熱を加えていくと、水の温度は上がり続け、100℃で温度変化はまた止まります（②）。このとき水（液体）は水蒸気（気体）へと変化します。この間に加えた熱は液

体から気体へ状態変化をするために使われています。この熱を**気化熱**といいます。すべての水が水蒸気へと変わると、熱を加えたぶんだけ水蒸気の温度は上昇していきます。

このように物質を温めていくとき、状態変化が途中で起こる場合には、融解熱や気化熱などの「状態変化を起こすための熱」が必要になります。この状態変化に伴う熱を**潜熱**といいます。

さて、注射のときのアルコールの話に戻りましょう。アルコールは常温で気体になりやすい性質を持っています。腕に液体のアルコールを塗ると、蒸発して気体になります。このとき液体から気体へと状態変化が起こるので、腕から潜熱（気化熱）を奪っていきます。このため腕はスーッと冷たく感じるというわけです（さらに怖さで気持ち的にもスーッとするので、2倍の冷たさを感じているのかもしれませんね）。

この例とは逆に、気体から液体に戻るときには、潜熱が解放されて周囲を温めます。たとえば台風の中心には強い上昇気流があり、それによって空気に含まれている水蒸気が上空に運ばれ冷やされると、雲（水）に状態が変化し外部に潜熱を放出します。そのため台風中心の上空の空気は、そのまわりの空気よりも気温が高くなっています。

12 熱量保存の法則
温度変化には原因がある

> **公式**
> 高温物体が「失った熱量」
> ＝低温物体が「得た熱量」

　冷えた体でお風呂に入ると、お湯の熱運動が私たちの体に伝わり、体の分子を振動させます。こうして体は温かくなります。対してお湯は、体に熱運動の運動エネルギーを与えるため温度が下がっていきます。私たちの体とお湯の温度が同じになると、もう体は温まりません。お湯から体へ熱が移動するとき、「お湯が失った熱量」と「体が得た熱量」は等しくなります。

お湯が失った熱量＝体が得た熱量

　これを**熱量保存の法則**といいます。当たり前のように思うかもしれませんが、熱量が理由もなく突然増えたり減ったりしないという大切な法則です。

公式の利用

わっぱ煮と熱量保存の法則
　新潟県の粟島に伝わる郷土料理に「わっぱ煮」というのがあります。木製の器（わっぱ）に、焼いた魚、ねぎ、味

噌などの具材と水を入れて、その中に十分に熱した石を入れます。すると一瞬のうちに水が煮立ち、おいしい鍋料理になります。これがわっぱ煮です。どんな仕組みでわっぱ煮はできあがるのでしょうか。

わっぱ煮は石から水への熱量の保存を利用しています。石の比熱は水より小さいので、水を沸騰させるために、石を100℃よりも非常に高い温度まで熱します。この石をわっぱの中に入れることで、石の温度が下がり、それとは逆に水の温度が上がって沸騰します。

ピーナッツを燃やしてみよう！

前項で触れたとおり、熱エネルギーの量のことを熱量といいます。単位にはJ（ジュール）を用います。また同じく熱量の単位にcal（カロリー）があります。カロリーは日常、食品表示でよく目にしますね。1 calとは、水1gの温度を1℃上昇させるのに必要な熱量を表し、私たちの身の回りにある水を基準に決めています（セルシウス温度℃も水が基準でした）。

カロリーは熱量の単位なので、前述したジュール（J）に変換することができます。換算式は1 cal ≒ 4.2 Jです。たとえばスーパーなどで、ピーナッツの食品表示を見て1粒あたりの熱量を計算すると、だいたい5000 calのエネルギーを持っていることがわかります。ジュール単位に直すと、5000 cal×4.2 J＝21000 J。ピーナッツ1粒でも、大きなエネルギーを持っていることがわかります。このエネルギーがどれほどのものか考えてみましょう。

ピーナッツは油がたっぷり入っているので、火をつけるとよく燃えます。ピーナッツ1粒に火をつけて、その上でビーカーに入れた水100gを温めると、次のような計算式から水の温度がどれくらい上がるのかがわかります。

$$Q = mc\Delta T$$
$$21000 = 100 \times 4.2 \times \Delta T$$

これを計算すると $\Delta T = 50$℃、つまり温度は50℃上がることになります。なんとたった1粒で水100gを50℃も上げるなんて、ピーナッツにはすごいエネルギーが蓄えられているのですね。ただし、これは仮にピーナッツの持つエネルギーをすべて水の温度上昇に使えるとすればという、仮定の計算結果です。

実際に実験をしてみると17℃しか温度上昇せず、発生した熱のおよそ30％程度しか水の温度を上げることに利用できませんでした。ピーナッツから発生した熱量の多くが空気中に逃げてしまったからと考えられます。

13 ボイル・シャルルの法則
閉じ込められた気体のルール

公式

$$\frac{PV}{T} = 一定$$

$$\frac{圧力 \times 体積}{温度} = 一定$$

　この公式は、気体の性質についての法則です。閉じ込めた気体の圧力Pと体積Vは反比例し、また圧力Pと温度Tおよび体積Vと温度Tが比例することを示していますが、熱運動とこの公式は、はたしてどのように結びついているのでしょうか。

　1cm^{3}のサイコロのような箱をイメージしてください。中は空っぽで、空気が入っています。この箱の中に、空気の成分である窒素や酸素の分子がどれくらい入っていると思いますか。じつはおよそ2.7×10^{19}個もあるんです。これらの粒子は秒速数百メートルの高速で、お互いに衝突しながら飛び回っています。膨大な数の超高速で飛んでいる気体の粒子は、箱の壁にガンガンぶつかりながら飛び回っています。この衝突により箱が受ける力が、気体の持つ圧力の正体です。

　子どもの頃、注射器のおもちゃを床につけて、そのピストンを押してみたことはありませんか。中の空気が逃げな

いように、しっかりと床につけてピストンを押し、閉じ込めた気体の体積 V を小さくしていくと、中の気体の圧力 P は大きくなっていきます（V と P は反比例の関係）。これは体積が減少したことによって、単位時間にピストンにぶつかる気体分子の数が増えるためです。このため、ピストンをより深く押すためには大きな力が必要になります。

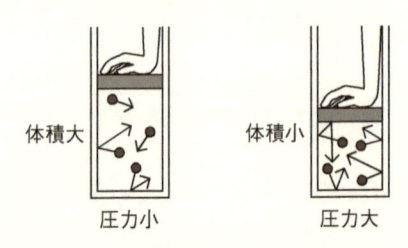

体積大　圧力小　　体積小　圧力大

次にピストンから手を離して、ピストンを自由に動ける状態にします。そして注射器の側面を握るなどして中の気体を温めてみましょう。するとピストンが少しずつ上に動いていくのがわかります。つまり温度 T が上がると、体積 V は増加します（T と V は比例関係）。これは気体の温度上昇により気体の分子の熱運動が激しくなり、ピストンに衝突する気体分子が増えてピストンを押し上げるためです。

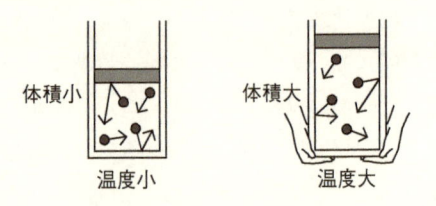

体積小　温度小　　体積大　温度大

この２つの関係を数式にまとめると、次のようになります。

$$\frac{PV}{T} = 一定$$

$$\frac{圧力 \times 体積}{温度} = 一定$$

この関係式を**ボイル・シャルルの法則**といいます。たとえば P_1、V_1、T_1 で閉じ込めた気体の条件を変えて P_2、V_2、T_2 にしたとき、次のように等式を作ることができます。

$$\frac{P_1 V_1}{T_1} = \frac{P_2 V_2}{T_2}$$

（はじめの状態＝あとの状態）

公式の利用

熱による物体の膨張とその利用

電車に乗るとガタンゴトンと振動音が聞こえます。少し耳障りなこの音ですが、これは線路と線路の間にわずかな隙間があるためで、電車の車輪がその隙間を通過するたびに音がするわけです。なぜこのような音がする隙間をわざわざ作っているのでしょうか。

気体に限らず固体でも、ほとんどの物質は温度 T が上昇するとその長さや体積 V が大きくなります。温度の上昇によって、その物質を作っている粒子の熱運動が激しくなるためです。これを**熱膨張**といいます。

低温　　　　　　　　　　高温

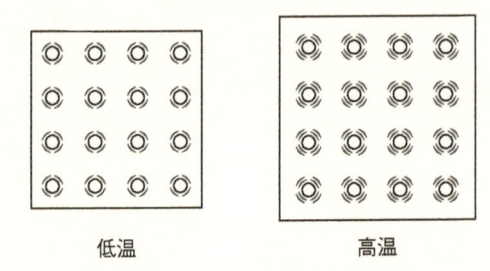

　夏の暑い日、太陽によって熱せられたレールの温度は上昇していきます。するとレールは熱膨張し、伸び始めます。このときレールとレールの間に隙間をあけておかないと、レールが熱膨張によって押し合い、ゆがんでしまいます。これを防ぐために、わざと少し隙間をおいて線路は組まれているのです。

　このように電車にとってはやっかいな熱膨張を、逆の発想でうまく使っているのが、バイメタルという特別な仕組みをもった金属板です。バイメタルは違う種類の金属を2枚貼り合わせて作られています。このバイメタルの温度を低温や高温にすると、2つの金属の熱膨張の違いから、片方がもう片方より大きく伸び縮みすることで、左右に曲がる性質を持ちます。

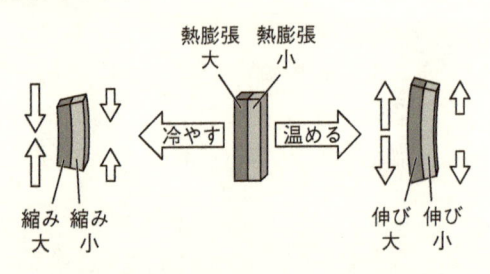

熱膨張　熱膨張
大　　　小

←冷やす　温める→

縮み　縮み　　　　　　伸び　伸び
大　　小　　　　　　　大　　小

一般的に金属に電流を流すと、金属の温度は上昇します。バイメタルも電流を流すと温度が上がり、決まった方向に曲がり始めます。この性質を利用して、バイメタルはブレーカーの電気回路に組み込まれています。テレビ、エアコン、掃除機、電子レンジなどを同時に使用して、ある電流量を超えるような大きな電流がブレーカーの中のバイメタルに流れた場合、バイメタルの温度が上がり、曲がって電気回路を物理的に遮断することができます。

14 熱力学第1法則
熱も含めたエネルギーの保存

> **公式**
>
> $Q = \Delta U + W_{シタ}$
> 気体に与えた熱量
> 　＝気体の内部エネルギーの増加
> 　　＋気体のシタ仕事

　エンジンは自動車などに組み込まれており、熱エネルギーを運動エネルギーに変換する装置のことをいいます。エンジンはピストンとそれを囲む容器であるシリンダーでできています。

　じつは今回の公式は、エンジンが動く仕組みを示しています。左辺の Q は、エンジン内部の気体に与えた熱量を示しています。右辺の ΔU は気体の内部エネルギーというものを、W は右下に「シタ」とついていますが、「気体のシタ仕事」を示しています。よってこの式は、「エンジンの中の気体に熱を与えると、一部は内部エネルギーというものになり、残りを使って気体が仕事をする」ということを示しています。

14 熱力学第1法則

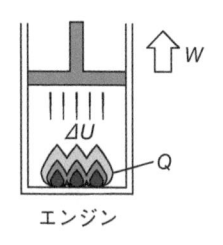

エンジン

　内部エネルギーは、熱力学を理解するときに大切な物理量です。この内部エネルギーを切り口に、「熱力学第1法則の公式」について考えていきます。

　ボールを投げるとき、これまでは運動エネルギーと位置エネルギーのみを考えていました。しかし、ボールはじつは熱力学的なエネルギーも持っています。ボールを形作っているゴムや内部の空気など、ひとつひとつのミクロ分子は熱運動をしているので、熱力学的な運動エネルギーも持っています。この熱運動による運動エネルギーの和を**内部エネルギー**といいます（正確には粒子間にはたらく電気の力による位置エネルギーなども含まれます）。内部エネルギーは熱運動の統計値（≒平均値）である温度 T や気体分子の量に比例します。

　さて、エンジンの中に閉じ込めた気体について見ていきましょう。気体の内部エネルギーが変化する場合、たとえば気体の内部エネルギーが増えるときを考えてみます。内部エネルギーが増えるということは、熱運動が激しくなるということですから、温度が上昇するということです。温度は自然には上昇しないので、何か原因があるはずです。

　まず考えられるのが、気体の中にガソリンを入れ点火す

るなどして、熱量 Q[J]を気体分子がもらうことです。またその他にも外部からピストンが押されて、気体分子が勢いをつけられた場合も、運動が激しくなるので温度が上がります。この場合、気体は仕事 W[J]を「サレタ」($W_{サレタ}$[J])といえます。そこで次のような式で表すことができます。

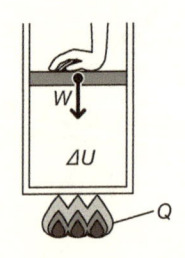

$$\Delta U = Q + W_{サレタ} \quad \cdots\cdots 式①$$

内部エネルギーの増加
　＝もらった熱量＋気体が外部からサレタ仕事

　この関係式を**熱力学第1法則**といいます。またこの式を右辺の Q について解くと、熱力学第1法則は次のように書くこともできます。

$$Q = \Delta U + (-W_{サレタ})$$

「$-W_{サレタ}$」は「気体がサレタ仕事のマイナス」です。「サレタ」の逆は「シタ」なので、「マイナスの気体がサレタ仕事」を言い換えれば、「気体がシタ仕事」になります。そこで $-W_{サレタ}$ を $W_{シタ}$ と書き換えると、

$$Q = \Delta U + W_{シタ} \quad \cdots\cdots 式②$$

気体に与えた熱量
＝内部エネルギーの増加＋気体のシタ仕事

となります。はじめに示した熱力学第1法則の形になりました。この式はピストンに熱 Q を与えると、気体の温度は上がるとともに、気体が膨張し、ピストンを押して仕事をすることを示しています。式①②ともイメージとして捉えるとわかりやすいですね。

公式の利用

熱エネルギーを使って紙コップを飛ばしてみよう

熱力学第1法則について面白い実験をしてみましょう。用意するものは、アルミ缶、紙コップ、ライター、消毒液、缶切り、キリです。

空き缶のプルタブのついているほうの蓋を缶切りで切って取り外します。そして缶の下部にキリで小さな穴をあけます。次にアルコール入り消毒液（手などに吹き付けて使う物）を缶の中に2、3回吹き付けます（絶対に3回より多くは吹き付けないでください）。紙コップで軽く蓋をして、少し缶を振りアルコールを蒸発させます。机にそのままそっと置き、これで準備完了です。では穴の部分に火を近付けていきましょう。すると、「ポン」と紙コップが勢いよく飛び出す様子が観察できます ⓦⓦⓦ 14-1。

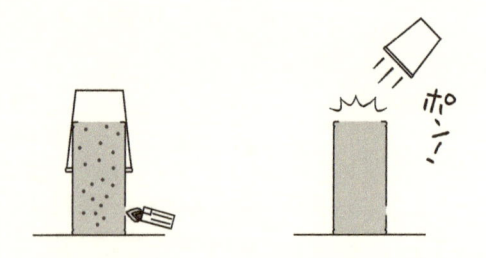

この現象は、熱力学第1法則の式②を見るとよくわかります。アルコールが燃料となり熱が発生すると（Q）、内部の気体の温度が上がる（ΔU）とともに、気体分子の運動が激しくなり、紙コップを押し出します（$W_{シタ}$）。

エンジンの良さを示す熱効率

エンジンでは容器（シリンダー）に気体を閉じ込め、そこに燃料を入れて火をつけます。燃料の熱エネルギーによって気体を膨張させ、ピストンを動かして仕事を取り出し、その後また元の収縮した状態に戻し、また燃料を投下し火をつけ……と、繰り返してエンジンに仕事をさせます。

燃料によって気体に与えた熱 Q に対して、気体がどれだけ仕事をしたか（$W_{シタ}$）、つまりピストンを動かしたかがエンジンの効率にとって大切です。この割合を示すものを**熱効率**といいます。

たとえばエンジンに 1000 J の熱を与えたとき、気体が 200 J の仕事をした場合は、熱効率は 200÷1000＝20％ となります。残りの 800 J は内部エネルギーになったり（気

体の温度の上昇)、シリンダーを伝わって外部に熱エネルギーとして拡散したりして失われたことになります。自動車のガソリンエンジンの場合、熱効率は状態がよいときで25％くらいだと言われています。しかし当然のことながら、路面や運転状況によって熱効率は変化します。

熱の移動には法則があった──熱力学第2法則

高校物理では熱力学第1法則を主に勉強しますが、「第1」と名前がついているということは、そう、「第2」ももちろんあります。**熱力学第2法則**は、エネルギーの移動方向に関する法則です。

たとえば寒い冬の日に温かいお風呂につかると、必ずお湯から人に熱が移動して、私たちは温かく感じます。その逆に人からお湯のほうに熱が出て、お湯がさらに温かくなり私たちが凍えてしまう、ということは、エネルギー保存の法則は成り立っていても実際には起こりません。このように、熱は温かいものから冷たいものへと決まった方向に移動します。この当たり前と思っていることが、熱力学第2法則です。

エアコンの仕組み

夏の暑い日など、エアコンの冷房機能を使うと部屋の温度を下げることができますね。このときエアコンは部屋の空気から熱を奪い取り、外に熱を排出しています。熱力学第2法則にあるように、通常熱は温かいほうから冷たいほうへと伝わっていくので、こんなことは自然には起こりま

Part 2　熱力学

せん。エアコンはいったいどのような仕組みで熱を運んでいるのでしょう?

エアコンは状態変化に伴う熱(潜熱)の出入りをうまく使っています。エアコンは部屋に設置する室内機、外に設置する扇風機のようなファンがついた室外機の2つの装置からできています。室内機と室外機はパイプで結ばれており、その中には冷気を運ぶ役目をする、冷媒と呼ばれる物質が詰められています。それでは、冷媒と一緒にエアコンの中をめぐる旅に出かけてみましょう。

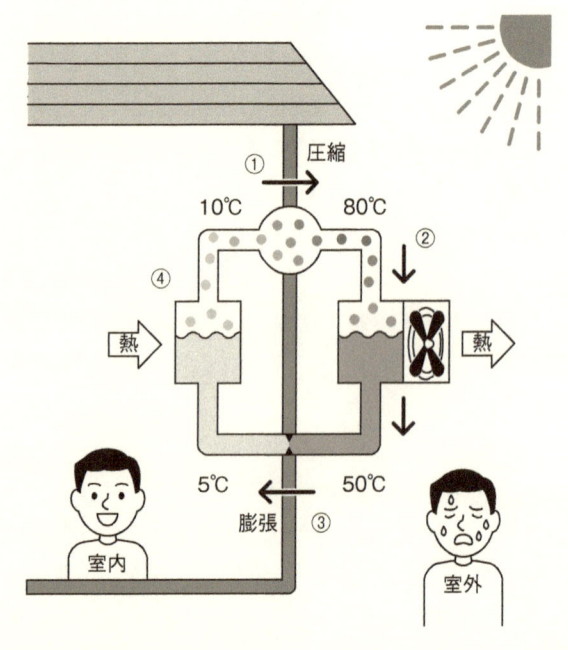

図の①の場所から出発します。冷媒(このときの状態は気体)は、室外機のコンプレッサー(圧縮機)の部分で圧

縮されて小さくなります。圧縮されるということは、冷媒は外から仕事をもらうことになるので、内部エネルギーΔUが大きくなり高温になります。

②の場所につくと、室外機を通りながら外の大気に熱を排出して、冷媒の温度は少しずつ下がっていきます。温度が下がると、気体から液体に冷媒の状態は変化し潜熱が解放されるため、さらに多くの熱が外部へ排出されます。室外機のファンの前に立つと、出てくる風が生暖かいのはこのためです。

次に常温で液体になった冷媒は③にたどりつき、膨張弁という場所で流量が調整され、こんどは膨張します。冷媒はこのとき、自分の持っている内部エネルギー($\fallingdotseq$温度)を使って仕事(膨張)をするため、冷媒の温度は下がります。

④の場所で冷えた液体の冷媒が室内機を通ると、暖かい室内の空気に触れ、熱を吸収して空気から熱を奪っていきます。さらにこのとき冷媒の状態が液体から気体へと状態変化が起こり、状態変化による潜熱も室内からさらに吸収されます。このようにして室内の空気を冷やすわけです。一巡して気体になった冷媒は再び①に戻っていきます。

このようにして冷媒が1サイクルすると、室外に熱を排出し、室内から熱を吸収します。エアコンや冷蔵庫など、熱を移動させて気温を上げ下げする仕組みを**ヒートポンプ**といいます。まさに熱のポンプですね。冷房の循環を逆回転させれば、逆に部屋を暖かくすることもできるわけです。またエアコンの冷房では、たんに部屋だけが涼しくな

るわけではなく、外部の環境に熱を放出しているということを忘れないようにしたいものですね。

Part 3 波動
波の仕組みで音や光を解き明かす

Part 2までは「物体」を扱ってきましたが、Part 3では「波」について復習します。
「波」と関係のある現象は私たちの身近にあふれています。たとえば、音は波の現象のひとつです。救急車のサイレンの音が、近づいてくるときと遠ざかるときで変化するのは、音がもしボールのような粒子なら起こりえない、波ならではの現象です。また、光も波としての性質を持っているため、反射したり、屈折したりと波特有の現象が起こります。それら波の性質を利用したのが、眼鏡や望遠鏡などです。まず、波は何を伝えているのか、ということから見ていきましょう。

15 波の式
波の動きを表す

公式

$v = f\lambda$
波の速度＝振動数×波長

　波の式は、音から光まで、波動について考えるときにもっとも大切な式です。左辺のvは波の速度、右辺のfは波の振動数、λ（ラムダと読みます）は波の波長を示しています。この公式が本当にわかるようになると、頭の中で波が動いて見えるようになります。ではさっそく、この公式が具体的に何を示しているのか見ていきましょう。
「波」と聞くと何をイメージしますか。多くの人が海の波を思い浮かべるのではないでしょうか。海で波をぼんやりと眺めていると、波の高い部分が岸に向かって近づいてきます。この様子を見ると、なんとなく水全体も波の形と一緒に岸に向かって動いているように感じますが、じつはそうではありません。波を作っているもの（ここでは海水）は、その場で振動をしているだけなのです。バネを使い実際に波を作って確かめてみましょう。

　玩具店や駄菓子屋に行くと「スリンキー」というカラフルなバネが売られています。このバネを2、3個セロハンテープでくっつけて長くします。

Part 3 波動

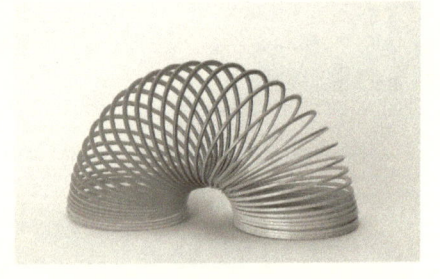

スリンキー

　このバネを伸ばして、片方を壁に固定します。この状態でバネを上下に振ると、波が発生します🌐15-1。

横波

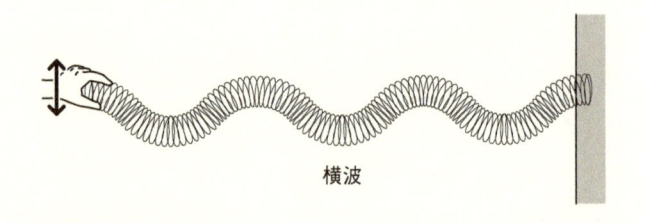

　面白い動きをしますね。この実験はバネを使わなくても、たとえば紐を使ってもできます。しかしバネを使うと波がゆっくりと動くので、波の様子がより観察しやすくなります。

　次の図のように1つのリングにクリップなど目印をつけ、そのリングに注目しながら、波を1つ送ってみてください。波が来ると、このリングは上下に振動します。けっして波の形と一緒に右側へ進んでいるわけではないのがわかります。

これが波を理解するうえでとても大切なポイントです。じつは、野球場やサッカーのスタジアムで観客が作るウェーブもこれと同じなのです。

Part 3 波動

→ 波の動く方向

媒質の振動方向

　ウェーブを作るとき、私たちはウェーブの山とともに走って右側に移動しているわけではありませんね。左隣の人が立ち上がったのを見て、タイミングを少しずらして立ち上がっているだけです。そしてその様子を見た右隣の人が立ち上がり……と、少しずつタイミングをずらして立ち上がっていくことで、全体として「波の形」は右方向に動いていきます。

　波を作っているものを**媒質**といいます。媒質はこのように立ったり座ったり、その場で振動しているだけなのです。これが波の真の姿です。

　では次に、波を表すための要素について見ていきましょう。

146

15 波の式

・波長 λ と振幅 A

次の図のように、波の山から谷までの長さを**波長**といい、λ を使って表します。また山や谷の平均値からの高さ（深さ）を**振幅 A** といいます。振幅も波長も長さなので、単位は m（メートル）を使います。

・波の速度 v

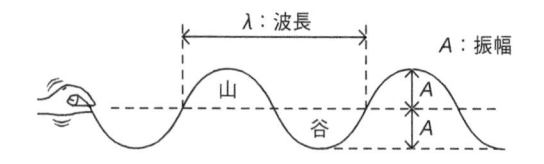

山や谷などの「波の形」の進む速さを**波の速度** v[m/s]といいます。

・振動数 f

バネを上下に1回振動させると1つの波ができ、右に進んでいきます。ある場所を1つの波が通り過ぎると、その場所の媒質は1回振動します。ある媒質が1秒間に何回振動するのかを**振動数 f** といいます。振動数の単位は Hz（ヘルツ）を使います。

・周期 T

媒質が1回振動するのにかかる時間を**周期**といいます。たとえば振動数 f が 2 Hz の場合、1秒間に媒質は2回振動しています。このとき1回振動するのにかかる時間（周期 T）は、1秒÷2回で、0.5秒となります。このように周

期 T と振動数 f の間には次の関係が成り立ちます。

$$T = \frac{1}{f}$$

これで波に関する物理量の説明は終わりです。では、ここから波の式を導いてみましょう。原点でバネを持ち、1秒間に4回手を上下に振動させたとします（$f=4\,\text{Hz}$）。4 Hz ということは、波は1秒間で4個作られ前方に進みます。

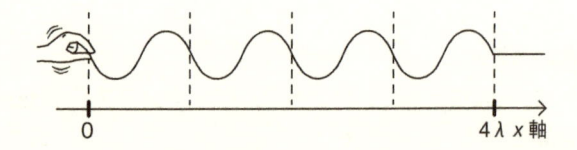

このときの波の移動距離は、波の波長 λ を使えば 4λ [m]ということになります。したがって、1秒間に 4λ 進んだので、速さ v[m/s]はこのとき 4λ [m/s]です。

$$v = 4\lambda$$

ここで λ の係数「4」に注目すると、これはそもそも振動数 f からきています。そこで4を f に置きかえると波の式が導かれます。

$$v = f\lambda$$
$$\text{波の速さ} = \text{振動数} \times \text{波長}$$

公式の利用

縦波と音の波

今まで見てきた波は**横波**という種類の波で、じつは**縦波**という波もあります。身の回りの現象として、光は横波、音は空気の粒子が媒質の縦波です。

横波の実験で使ったスリンキーで縦波を作ってみましょう。バネを上下に振るのではなく、こんどは押したり引いたりしてみてください。密度の大きい部分と密度の小さい部分ができ、右側に伝わっていきます🅦🅦🅦 **15-2**。この密度変化が伝わっていく波を縦波といいます。

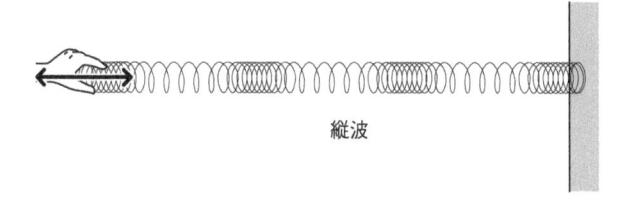

縦波

縦波も横波と同じように、リングひとつひとつを見ると、それらは左右に振動していることがわかります（横波の場合は上下に振動していました）。

太鼓を叩くと太鼓の膜が細かく振動し、バネで作った縦波の例のように、空気の粒子が押されて密度の高い部分ができ、それが伝わっていきます。この縦波が耳に届くと、空気の粒子の密度が高い部分と低い部分によって鼓膜が振動し、私たちは音を感じます。

Part 3　波動

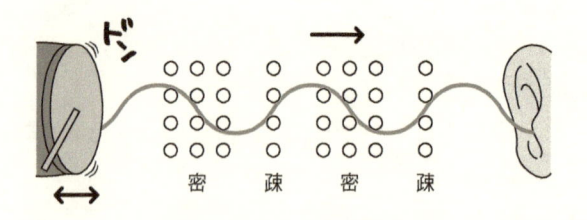

音波の速さは室温によって異なりますが、およそ340 m/s（3秒でおよそ1km進むような速さ）です。また媒質によってその速さは異なり、たとえば鉄の中は空気中の15倍以上の速さで伝わります。

脳はすごい！——音色について

のどに手をあてて低い声と高い声を出してみてください。高い声を出したとき、低い声のときに比べて手が細かく振動しているのを感じることができます。このように、音の高低は振動数 f の大きさによります。振動数が大きいと私たちは高い音と感じます。

人間が聞き取れる音の振動数の範囲を**可聴域**といい、だいたい20〜20000Hzの間で、私たちは幅広い振動数（周波数）の音を聞き取ることができます。ちなみに88鍵のピアノの鍵盤ではオクターブ4、中央の「ド」から右に進んで最初の「ラ」の音（440Hz）が基準となって、その他の音が決まっています。

1オクターブ音程が上がると、振動数は倍になります。NHKの時報では「ポッポッポッピー」という音が流れますが、このポッポッポッが440Hzのラ、ピーがその倍で

1オクターブ上、880 Hzのラです。

音が伝わる様子をイメージしてみましょう。たとえば440 Hzのラの音の波長はどのくらいでしょうか。波の式に代入してみると、

$$v = f\lambda$$

v: 340 m/s、f: 440 Hz

$$\lambda = 0.77 \text{ m} (77 \text{ cm})$$

となります。意外と長いように感じます。ピアノの鍵盤を叩くと、ラの音の場合、波長77 cmの音波が秒速340 mで伝わり、1秒間に鼓膜を440回振動させているというイメージですね。

音の特徴は音の高低（振動数f）だけではなく、その音の大きさ（振幅A）も関係しています。また人間の耳は、音の大きさと音の振動間隔（波長または振動数）から音色を感じ取ります。音色はその音全体の中に含まれる高音・低音、振幅の大小の含み方などによって、耳が聞き分けて決まります。単なる空気の粒子の振動から音色を感じ取る脳って不思議ですよね。

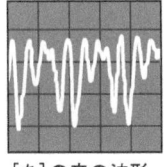

[あ]の音の波形 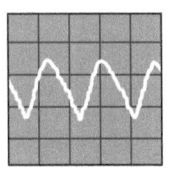　　[い]の音の波形

音色の例

光の波と色の見え方

　私たちの身の回りの波の現象として、音以外に光があります。光は電磁波という波の一種です。電磁波のうち波長が 400 〜 800 nm（nm はナノメートルと読み 10^{-9} m を表します）付近の電磁波を私たちの目は感じることができ、この領域を**可視光**といいます。電磁波は光と同じスピードで進むので、可視光でいちばん波長の長い赤色でも振動数に直すと 4×10^{14} Hz もあります。

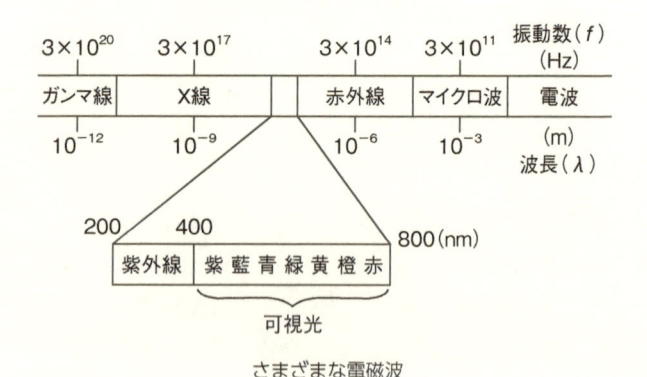

さまざまな電磁波

　可視光は波長によって色の見え方が異なっていて、長いものから「赤橙黄緑青藍紫」となります（「せき・とう・おう・りょく・せい・らん・し」という覚え方があります）。「白」にはさまざまな色が入っています。CDやしゃぼん玉に太陽光や蛍光灯などの白色の光を当てると虹色に光るのは、白の中にいろいろな色が含まれている証拠です。

　次の図のように、白い紙の上に黄色い画用紙を立てて部

屋を暗くします。暗闇では黄色の画用紙の色は何色だかわからない状態になります。そして LED ライトの白い光で画用紙を照らしてみましょう。はたしてその反射光は何色に見えるでしょうか？

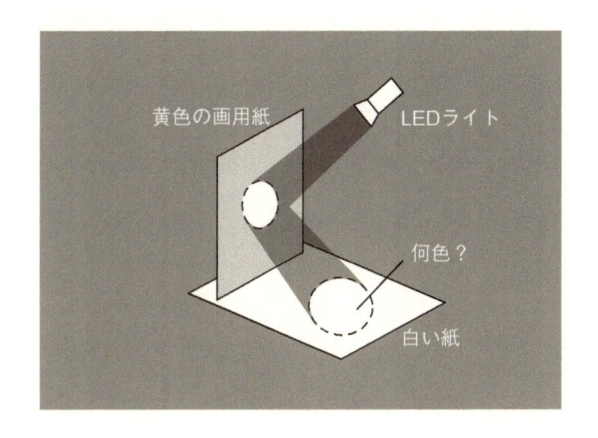

　実際に実験をしてみると、反射光は黄色に見えます。黄色く見える物体は、黄色の成分以外の色を吸収して、黄色の光だけを反射するため、黄色に見えるのですね。このように私たちは物体を見るとき、その物体に当たって反射した光を見て色を認識しているのです。

16 波の重ね合わせの原理
楽器の音が鳴る仕組み

公式
$y = y_1 + y_2$
合成波の変位
　　＝入射波の変位＋反射波の変位

　波は力学で扱ってきた物質の運動とは少し違い、独特の性質があります。次の図のように、波の山を作って両端からぶつけてみましょう。さてどうなるでしょうか？　ぶつかった瞬間に波は盛り上がり、その後2つの波は何事もなかったかのようにすり抜けていきます。これがもしボールとボールだったら、ぶつかった瞬間にボールが大きくなったり、すり抜けたりしません。

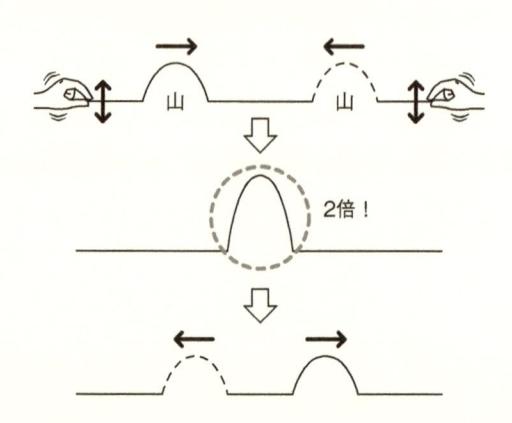

16 波の重ね合わせの原理

　こんどは山と谷をぶつけてみます。ぶつかった瞬間なくなったように見え、その後、何事もなかったかのようにすり抜けていきます。

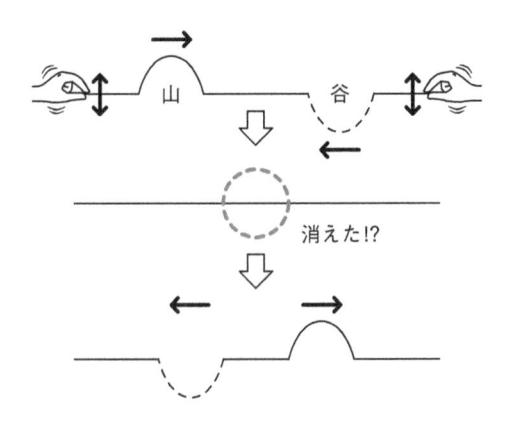

　2つの波のぶつかった瞬間の波は、それぞれの波が単独で存在するときの各場所での振幅の足し算で表されます。たとえば次の図（左）のように、振幅がA[m]の2つの山が重なると、縦方向（y軸方向）で足し合わされ、高い振幅$2A$[m]の山ができます。

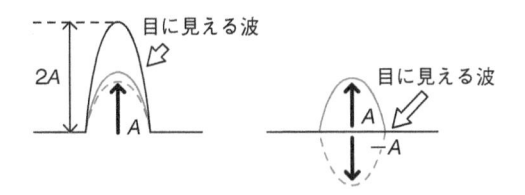

　この合成した波を**合成波**といい、合成波の波の高さの平均値からのずれ（**変位**という）は次の式で表されます。

155

$$y = y_1 + y_2$$
$$合成波の変位＝波１の変位＋波２の変位$$

これを**重ね合わせの原理**といいます。重ね合わせの原理を利用すれば、山と谷を衝突させて、瞬間的に波をかき消すことができます（図右）。この性質を利用した製品に「ノイズキャンセリングヘッドホン」というものがあります。このヘッドホンは、雑音を拾うマイクがついていて、定常的な騒音、たとえば換気扇のゴ〜という音などを拾います。そしてその騒音とは変位が逆向きで同じ振幅の音を作り出し、ヘッドホンから出すことによって、鼓膜の手前で音波を衝突させて騒音の振幅を０にして取り除いています。

クラシックなどの音楽をこのヘッドホンで聞くと、非常にクリアな音を楽しむことができます。騒音には逆の騒音で対応する、という面白いアイデアですね。

公式の利用

定常波とギターを伝わる波

スリンキー（バネ）を伸ばして、一方の端を持ち、もう

一方を壁に張り付けたり、他の人に持ってもらうなどして固定します。そして手を1回上下に振り、波を作り、波の動く様子を観察します。作られた波（**入射波**）は固定した部分までいくと、その場で消えてしまうのではなく、同じスピードで戻ってきます。この現象を反射といい、返ってきた波を**反射波**といいますⓌⓌⓌ**16-1**。

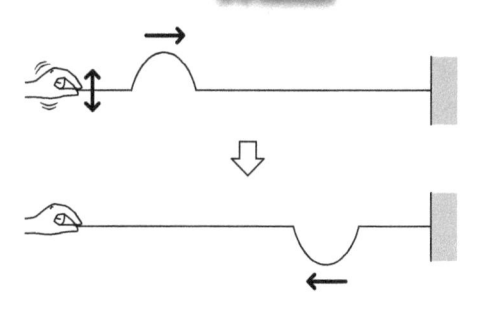

波の反射には2種類あり、このように片方の端を固定しているときの反射を**固定端反射**といいます。固定端反射では、図のように入射波で山を送ると、逆の形の波（谷）が返ってきます。対して海など水の波の反射は、入射波で山を送ると、同じ形の波（山）が返ってきます。このような反射を**自由端反射**といいます。

次に1つの波ではなく、手を何度も上下に振り、連続で入射波を起こし続けてみてください。発生した入射波は固定した部分まで動いていき、反射して左方向に進みます。このとき反射波は、右方向に進んできた新たな入射波と出会うことにより、さまざまな場所で重ね合わせの原理が起こります。

次の図はある時刻における入射波（実線）と反射波（点

線）の様子と、それらを重ね合わせたときの様子（太線）を示しています。時間が$t=0$から1、2、3と進むと、入射波は右側に、反射波は左側に動いているのがわかります。

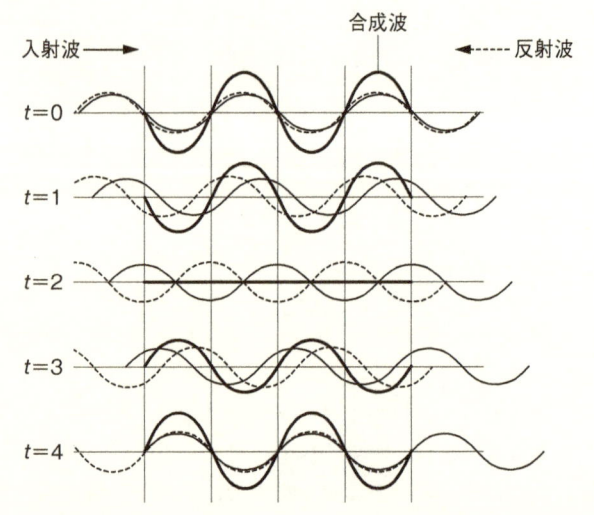

それらを重ね合わせた合成波（太線）に注目してください。わかりやすいように合成波だけ抜き出し、1つの図の上に重ねてみます。

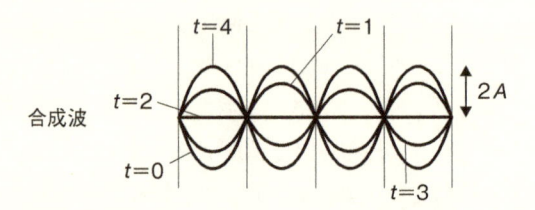

すると合成波は、ある部分では振幅が入射波や反射波の2倍になってバタバタと振動しているところもあれば、あ

る部分ではまったく振動が起きていない場所があることがわかります。このような波を**定常波**といいます🌐🌐🌐 **16-2**。

　この定常波という波は、楽器が音を出す仕組みと深く関係しています。ギターの弦をはじくと、弦を伝わる波が弦の両端で反射し、定常波ができます。この定常波ができると、弦は一定のリズムで大きな振幅で振動を始めます。

　音の高さを変えたいとき、たとえば高い音を出したいときは、弦を押さえる位置を変え、弦の振動する部分を短くしたり、テンション（張力）を上げたり、といくつかの方法があります。

　弦の振動数 f は、波の式（$v=f\lambda$）から、

$$f = \frac{v}{\lambda} \quad \cdots\cdots \text{式①}$$

と表すことができます。また、ギターの弦を伝わる波の速さは、弦の線の種類や弦を引く強さと関係しており、次の式で表されます。

$$v = \sqrt{\frac{T}{\rho}} \quad \cdots\cdots \text{式②}$$

T：張力(弦を張る強さ)　ρ：弦の単位長さあたりの質量(線密度)

　T は**張力**で、弦を張る力を強くすると、弦を伝わる波の速さは大きくなります。また**線密度** ρ（ローと読みます）とは、弦の重さと関係しており、重い弦ほど速さ v は小さくなります。式①と②を組み合わせると、

$$f = \frac{1}{\lambda}\sqrt{\frac{T}{\rho}} \quad \cdots\cdots 式③$$

となります。

ギターを弾くときを想像してください。弦の張力を強くすると高い音が出るのは、T が大きくなると、式③より振動数 f が大きくなるからです。

また6本のギターの弦を上から順番に触ってみると、太さや材質が違うのがわかります。線密度 ρ の大きな重い弦は、式③より振動数 f は小さくなり低い音が出ます。また指で弦を押さえて弦の振動する部分を短くすると、定常波の波長 λ が小さくなるため、式③より λ と反比例の関係にある振動数 f は大きく、つまり高い音になるというわけです。

このようにギターは弦の張力・素材・長さと、さまざまな方法を使って振動数を変え、高音・低音を作り出していることがわかりますね。

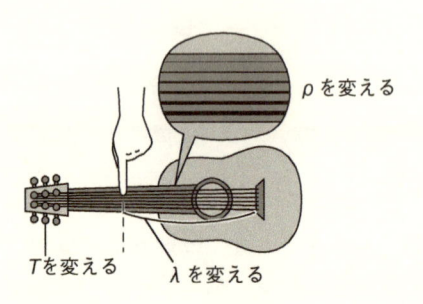

さらに、弦楽器には弦の振動音を大きくする仕組みが備わっています。ギターでいえば、そのくびれた胴体が弦と

一緒に振動することで、音を増幅させています。これを共鳴板といいます。

共鳴板の大切さは簡単に実験できます。釣り糸の片方をドアノブなどに固定し、もう片方を持ってピンと張ってから、はじいてみてください。音は鳴りますが、小さくてあまりよく聞こえません。次に紙コップの底の中央に穴を開け、釣り糸を通して抜けないように固定し、片方だけの糸電話のようなものを作ります。もう片方を同様にドアノブに結びつけて、紙コップを持って糸を張りながら、はじいてみてください。「ビーン」と誰でも聞こえるほど大きく音が鳴ります。このとき、紙コップが共鳴板の役割をしていますⓦⓦⓦ 16-3。

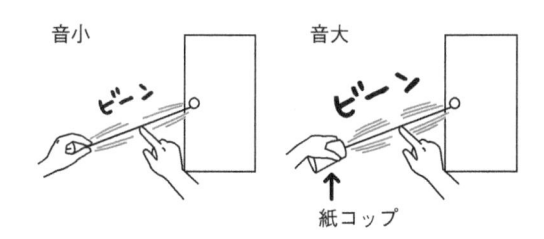

音小　　　　　　　音大

↑
紙コップ

ストローで作る管楽器

ギターは弦の振動によって、空気を振動させて音を作り出していましたが、管楽器は直接空気を振動させて音を鳴らします。ストローで簡単な管楽器を作り、振動の様子を体験してみましょう。次のページの図のようにストローを切ってみてください。

Part 3 波動

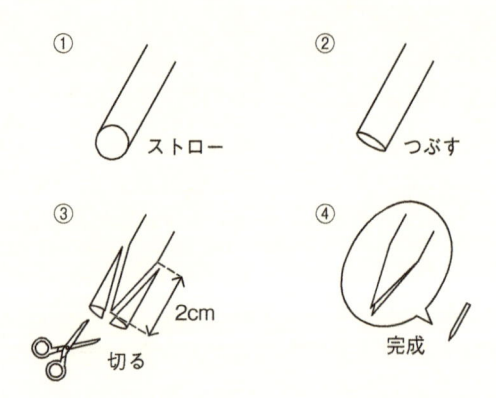

① ストロー
② つぶす
③ 切る 2cm
④ 完成

　切ったほうを口にくわえ、息を吹き込んでみてください。「ブー」と鳴りましたか。このストローは立派な楽器です。切り込みを入れた部分が振動して音源となり（リード）、音波が発生したのですwww 16-4。
　その仕組みはこうです。ストローの切り込み側で作った音波が反対側の口まで行くと、一部の音波は外に出て行きますが、反射して返ってくる音波もあります。その入射波と反射波が重なり合うと、管の中に定常波ができます。定常波ができると、管口ではまわりの空気粒子を押したり引いたりするため、大きな音となり音波が伝わっていくのです。

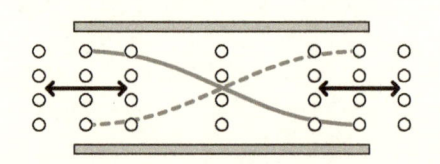

次にストローを短く切って吹いてみましょう。先ほどよりも管が短くなったため、中にできる定常波の波長 λ が小さくなり、式①より高い音が出るようになります。ギターの弦の長さを短くしたことと同じ効果があります。

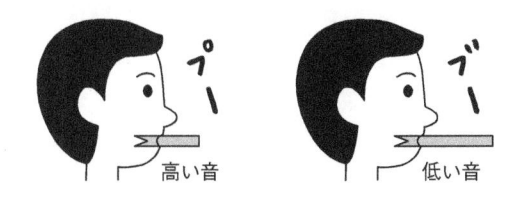

プー 高い音　　ブー 低い音

　管楽器はリコーダーのように管に穴を開ける、もしくはトロンボーンのように管自体の長さを変えることで、管の中にできる定常波の波長を変え、音の高さを変えています。またファゴット、トランペット、ピッコロの管楽器の長さを見てみると、ファゴット＞トランペット＞ピッコロとなります。これらの楽器の音の高さは、一般的にはファゴット＜トランペット＜ピッコロの順番で高くなります。

　このように楽器は長くなればなるほど、その中に波長の長い定常波ができるため、低い音が出るようになります。パイプオルガンにたくさんの長さの違うパイプがついているのも、このような仕組みがあるためです。

17 ドップラー効果の公式
救急車のサイレン音はなぜ変化するのか

公式

・音源が近づく場合

$$f = \frac{V}{V - v_s} f_0$$

・音源が遠ざかる場合

$$f = \frac{V}{V + v_s} f_0$$

f：観測者が聞く振動数　f_0：音源の振動数
V：音速　v_s：音源の速さ

　救急車のピーポーピーポーという音を聞いていると、私たちに近づいてくるときには通常よりも高い音、遠ざかるときには低い音として聞こえます。この現象を**ドップラー効果**といいます。この項で取り上げるのが、このドップラー効果に関する音程の変化を示す公式です。う〜ん、なんとも複雑な形をした公式ですね。でも思い切って、fとf_0だけを見てください。

$$\underline{f} = \frac{V}{V - v_s} \underline{f_0}$$

　左辺のfは私たちが耳にする音程を、右辺のf_0は音源（救急車）の出す音程を示しています。その間にいろいろついていますが、要するに動いているときの救急車の出す

音 f_0 と、私たちが聞く音 f は変わりますよ、ということをこの公式は示しています。

このドップラー効果の公式は、波の公式から組み立てていくことができます。次の図のように、止まっている救急車が「ピーポー」と音を出したとします。はじめに出した音波は音速 V（およそ340 m/s）でその場所を中心に球形に広がっていきます。

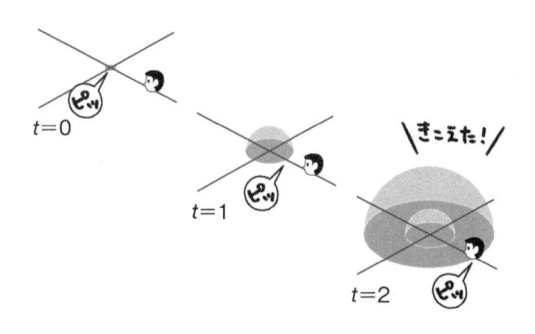

その後に出した音波も、同じ場所を波源として同じように球形に広がります。このように等間隔に波形が広がるので、前にいても後ろにいても、どこにいても音は同じような高さの音が聞こえます。では、救急車を動かしてみましょう。何が起こるでしょうか。

次の図は、救急車が動きながら音を出したときの様子です www 17-1 。

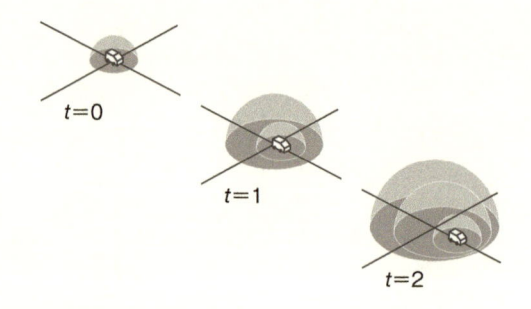

Part 3 波動

$t=0$

$t=1$

$t=2$

　救急車が静止して音を出し続けた場合と、断面図で比較してみましょう。

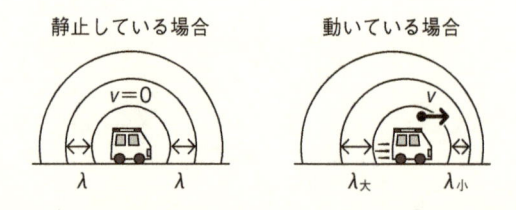

静止している場合　　　動いている場合

　静止している場合には、図左のように音波の波長 λ はどこから見ても同じ間隔です。しかし、図右のように動いている場合では、音波の間隔が前方では狭く（$\lambda_\text{小}$）、後方では大きく（$\lambda_\text{大}$）なります。このため救急車が向かってくると、「波長が短い音波」が音速は変わらずにおよそ340 m/s で通過するので、次の図のように単位時間あたりに通過する波の数が多くなります。

| 動かない場合 | 音源の前方 |

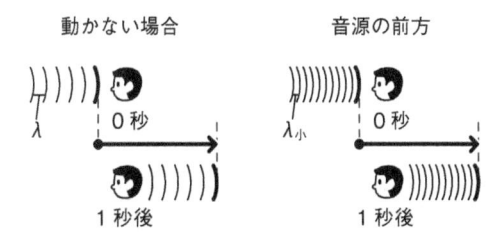

これは振動数が大きくなること、つまり高い音に聞こえることを示しています。同じことを波の式（$v=f\lambda$）から確認してみましょう。

$$v = f\lambda$$
$$f = \frac{v}{\lambda} \leftarrow 340\text{を代入}$$
$$= \frac{340}{\lambda}$$

音速 v は、救急車の動きには関係なく 340 m/s で一定です。この式を見ると、救急車の前方の波長 λ が小さくなると、振動数 f は大きくなることがわかります。数式からも一目瞭然ですね。

では、救急車の後方に観測者がいる場合について考えてみましょう。後方では通常よりも波長の長い波が、速さ 340 m/s で通過します。よって静止していたときに比べ、単位時間あたりに耳を通過する波の数は少なくなります。このことから、振動数の小さな低い音が聞こえるというわけです。

動かない場合　　　音源の後方

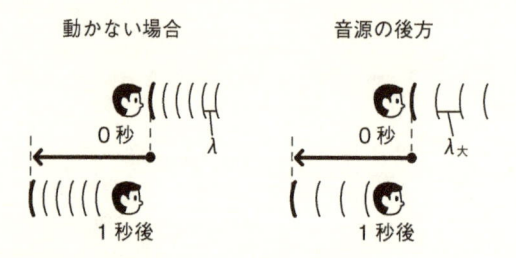

　この音源の前方と後方の波長の変化が、ドップラー効果の起こる理由です。

　ドップラー効果の仕組みが理解できたところで、こんどはこれを式に組み立ててみましょう。救急車の速さに対して、はたしてどれくらい振動数が変化するのでしょうか。

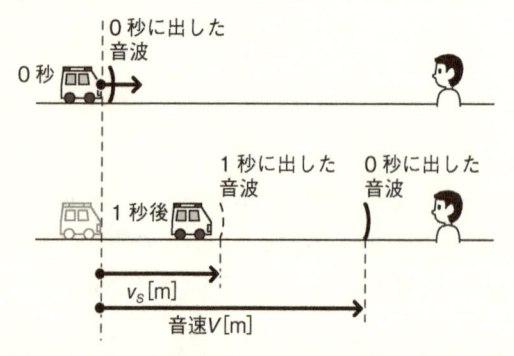

　振動数 f_0[Hz]の音波を出しながら、救急車が一定の速度 v_s[m/s]で近づいてきたとします。ある時間に出した音波（0秒の波面）を太線で示しました。1秒後、「0秒の波面」は、はじめに救急車がいた場所から、音速である V[m]（＝340 m）まで前方に移動します。また1秒後には救急車は前方に v_s[m]移動しています。またこのとき出した音波＝「1秒に出した音波」を点線で示しています。

17 ドップラー効果の公式

　救急車の出している音の振動数をf_0とすると、この1秒間に合計f_0個の音波を出していることになります。よって次の図のように、0秒の波面から最後の1秒に出した波面の間（$V-v_s$）にf_0個の音波が入っているはずです。

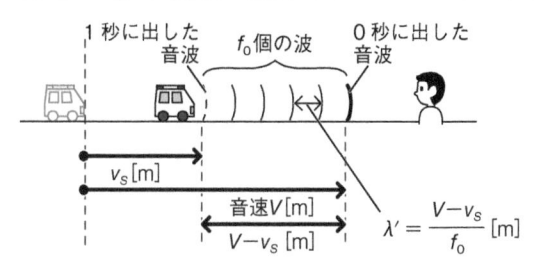

　このことから、1つの波の長さ λ' は、音波の含まれる範囲（$V-v_s$）を波の個数f_0で割って求めると、

$$\lambda' = \frac{1秒間に出た波の存在範囲}{1秒間に出た波の数} = \frac{V-v_s}{f_0}$$

となります。これが観測者の耳を通る、短くなった音波の波長 λ' です。波の式（$v=f\lambda$）より、観測者の聞く振動数f'はv'に音速Vを、λ'に変化した波長を代入すると次のようになります。

$$f' = \frac{v'}{\lambda'} = \frac{V}{V-v_s}f_0 \quad \cdots\cdots 式①$$

（$v' \to V$、$\lambda' \to \frac{V-v_s}{f_0}$）

　これが、音源（救急車）が近づく場合のドップラー効果の公式です。この式から、音源の速度v_sが速ければ速い

ほど分母が小さくなるので、観測者の聞く振動数 f' は大きくなり、高い音に聞こえることがわかります。

同じように、後方で観測する場合を考えてみましょう。このとき0秒に出した音波と救急車の動き、1秒後に出した音波の間隔は次の図のようになります。

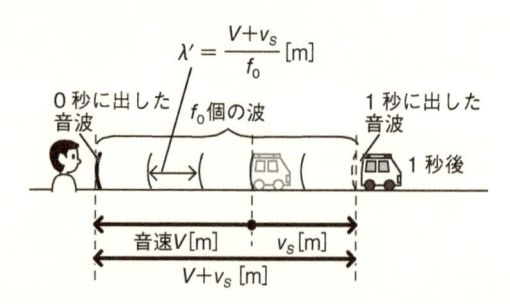

波の存在範囲は $(V+v_s)$ となるので、観測者に聞こえる音の波長 λ' は、次のように表すことができます。

$$\lambda' = \frac{1秒間に出た波の存在範囲}{1秒間に出た波の数} = \frac{V+v_s}{f_0}$$

このことから観測者の聞く振動数 f' は次のようになります。

$$f' = \frac{v'}{\lambda'} = \frac{V}{V+v_s} f_0$$

（$v' = V$、$\lambda' = \frac{V+v_s}{f_0}$）

これが音源が遠ざかる場合のドップラー効果の公式です。この式を見ると、音源の速度 v_s が速ければ速いほど

分母は大きくなるので、振動数 f' は小さくなり、低い音が聞こえることがわかります。

たとえば 440 Hz の「ラ」の音を出しながら走ってくる車の音が、観測者には「シ」の音（だいたい 494 Hz）に聞こえたとします。このとき車がどんな速度で近づいてきたのかを計算してみましょう。式①に代入すると、次のようになります。

$$\underset{340}{\overset{494(シ)}{f'}} = \frac{\overset{340}{V}}{V - v_s} \underset{}{\overset{440(ラ)}{f_0}}$$

$$494 = \frac{340}{340 - v_s} \times 440$$

$$v_s \fallingdotseq 37.2$$

v_s はおよそ秒速 37.2 m。時速に直すと、時速 134 km です。たとえば時速 67 km で「ラ」の音を出しながら走ってくる救急車に向かって、私たちの乗っている車も時速 67 km で走りながら近づいているとき、私たちが聞くサイレンの音程は「シ」に変わっていることになります。

公式の利用

降雨レーダーとドップラー効果

天気予報などでよく見られる、雨の分布を知るための降雨レーダーは、ドップラー効果や波の反射の性質を利用し

ています。

　雨や雪などに向かってレーダーのアンテナから電波を発射すると、その一部は反射して戻ってきます。そこでアンテナから電波をさまざまな方向に発射し、雨雲に当たって返ってきた電波を分析します。電波がまったく反射せず、返ってこなければ、雨は降っていないことがわかります。しかしもし電波が返ってくれば、雨雲があることがわかります。発射してから受信するまでの時間を調べれば、雨雲までの距離もわかります（電波の速さは光と同じ速さです）。

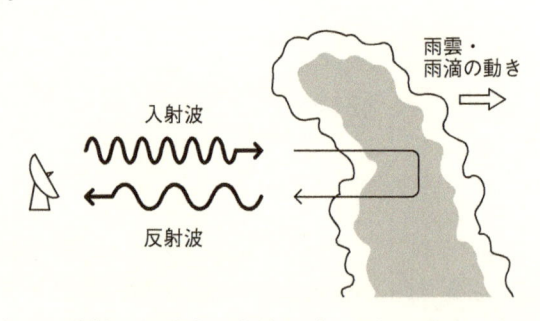

　また、発射した電波の波長と戻ってきた電波の波長を比べれば、なんとその場所の風の様子も知ることができます。なぜかというと、もし波長が長くなって返ってきたとすれば、救急車の場合と同じように、雨雲が風に流されて遠ざかっていることがドップラー効果からわかるからです。

漁師やコウモリが利用する超音波
　ドップラー効果とは直接関係ないのですが、降雨レーダーのように波を使って物体の位置を探る仕組みを利用して

いる事例を紹介します。音波は水の中でも遠くまで伝わっていきます。この性質を利用したのが魚群探知機です。漁船から海底に向けて、だいたい 100 kHz の高い振動数の音波（超音波）を発射します。魚の群れがいなければ、音波は海底にぶつかりそのまま反射して返ってきます。しかし、もし魚の群れがいれば、音波の一部が途中で魚にぶつかり、海底で反射されるよりも早く返ってくるはずです。音波の返ってくる時間やその強さ、波長を分析することによって、群れの位置やその大きさを特定できます。

　またコウモリは真っ暗な洞窟の中を飛行し、昆虫を捕まえて食べたりしています。試しにコウモリの目をふさいでみても、変わらず洞窟内を飛ぶことができます。このことから、コウモリは視覚を使って飛んでいるわけではないことがわかります。

　ところが耳をふさいで同じように洞窟に放すと、コウモリは壁にぶつかって飛ぶことができません。じつはコウモリは口や鼻から超音波を発信し、洞窟の壁や昆虫などにぶつかって返ってきた超音波を耳でキャッチして障害物や食べ物を識別しています。人間が魚群探知機を発明するずっと前から、コウモリはすでに同じ仕組みを使っていたのですね。これならきっとスイカ割りも大得意でしょう。

宇宙と光のドップラー効果

　光は空気中を秒速 30 万 km、1 秒間で地球を 7 周半もするような速さで動く波のひとつです。光も波なので、光を出すものが動いていれば、ドップラー効果が起こるはず

です。そこで、地球に届く銀河の光の様子を調べたのがハッブルという科学者です。

星々がもし私たち地球のほうへ近づいていれば、星の放つ光はドップラー効果により、本来の波長よりも短くなって紫色っぽく見えるはず。逆に遠ざかっていれば、光の波長は本来よりも長くなり、赤色っぽく見えるはずです。さて実際はどうなっていたと思いますか。

ハッブルが解析した結果、地球から遠い銀河ほど、波長がより長くなっていることがわかりました。これを赤方偏移といいます。つまり星々は地球から遠ざかっているということを示しています。これをハッブルの法則といいます。

時間が進むにしたがって星々が遠ざかるということは、時間を逆に巻き戻してみるとどうなるでしょうか。「遠ざかる」の逆ですから、星々は互いに近づいていき、あるところに集中するはずです。このように、赤方偏移は宇宙のはじまりは収縮した状態であったという「ビッグバン宇宙論」を支持しています。

また、地球と太陽の距離1億5000万kmを光の速度で割ると、だいたい8分20秒。太陽を見たとき、私たちはじつは8分20秒前の「過去の太陽」を見ていることになります。このように考えると、夜空の星の光はそれぞれ地球との距離に応じて時間がずれた、「過去の光」が見えていることになります。夜空を見上げれば、そこには時間のずれた世界が広がっているのですね。

18 凸レンズの公式
光の操り方

公式
$$\frac{1}{a}+\frac{1}{b}=\frac{1}{f}$$
a：実物からレンズまでの距離
b：レンズから像までの距離
f：焦点までの距離

　光を集めたり、散らしたりするのがレンズの役割です。周辺部よりも中心部が盛り上がった形をしたレンズを**凸レンズ**といいます。凸レンズを通った平行な光は、1点に集まるように設計されています。光が集まる場所を**焦点**といいます。小学校の理科の時間に、凸レンズの性質を使って太陽の光を焦点に集め、黒い紙を燃やしたことがある人も多いでしょう。

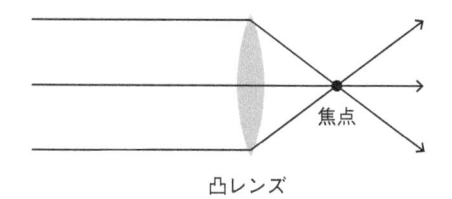

凸レンズ

　この図を見て、見覚えのある人も多いと思います。この図は、単純に見えてじつは奥が深いのですが、実際にレーザーポインターを使って何を示しているのか実験してみましょう。

Part 3 波動

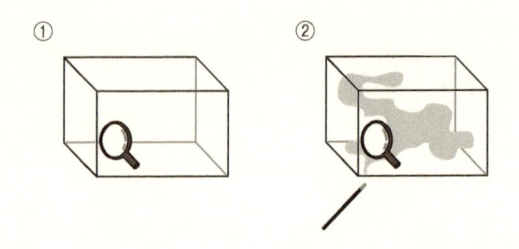

① ②

　まず、小さな水槽をひっくり返して中に虫眼鏡を立てて入れます（①）。次に水槽のふちを少し持ち上げて、水槽の中を線香の煙で満たします（②）。そして部屋をできるだけ暗くして、レーザーポインターのスイッチを入れて水槽に向けてみてください。すると線香の煙にレーザーが反射して、レーザー光線の進路が目に見えるようになります。虫眼鏡を通ったレーザー光線が、図のとおりに曲がるのがわかりますⓌⓌⓌ 18-1。

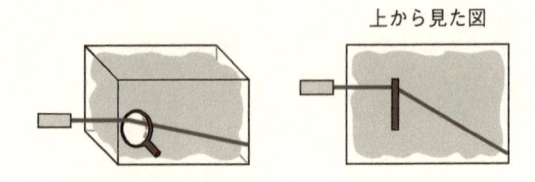

上から見た図

　次に、虫眼鏡を使って像を映し出してみます。太陽の出ている時間帯に部屋の電気を消します。太陽光の入る窓とは反対側の壁の前に立ち、虫眼鏡を壁の前で前後させてみてください。すると部屋全体がひっくり返ってはっきりと壁に映し出されるのがわかります。この像は、実際に物体から出た光が集まってできるため、**実像**といいます。今回の公式は凸レンズに光を通したときに、像がどこに、どん

176

な倍率でできるのか示しています。

実像は、凸レンズの焦点よりも外側に物体を置いたときにできます。では凸レンズの焦点の外側に置くと、どうして実像ができるのか作図して考えてみましょう。

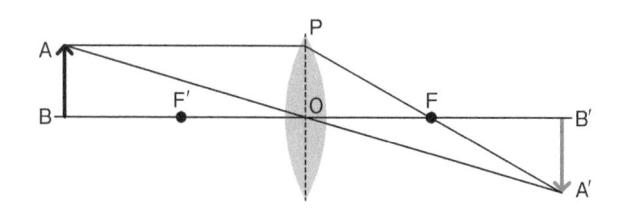

図のAからPの平行光線は、レンズに入ると焦点に向かって曲がります。またAからOの光線は、レンズのゆがみが少ない中心を通るため、曲がらずに直進します。2つの光線が出会った場所に実像（長さA'B'）ができます。この実像は物体の向きが反対になるので、倒立実像といいます。

次の図のように、物体から凸レンズまでの距離を a、凸レンズから像までの距離を b、凸レンズから焦点までの距離（これを焦点距離という）を f として、実像のできる位置 b の場所について考えてみましょう。

Part 3 波動

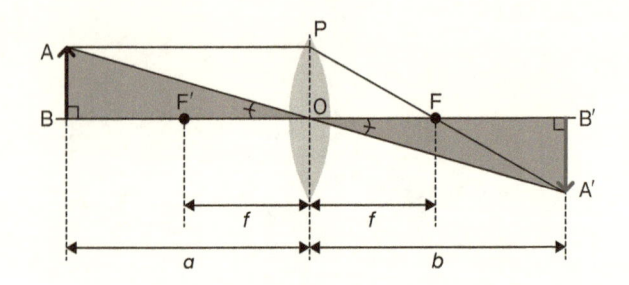

　三角形 ABO と三角形 A'B'O は直角三角形で、角 AOB と A'OB' は対頂角なので同じ角度です。2 つの角度が等しいため、三角形 ABO と三角形 A'B'O は相似です。よって 2 つの三角形の辺の比は等しくなります。

$$AB : A'B' = BO(長さa) : B'O(長さb) \quad \cdots\cdots 式①$$

次に三角形 POF と三角形 A'B'F に注目します。

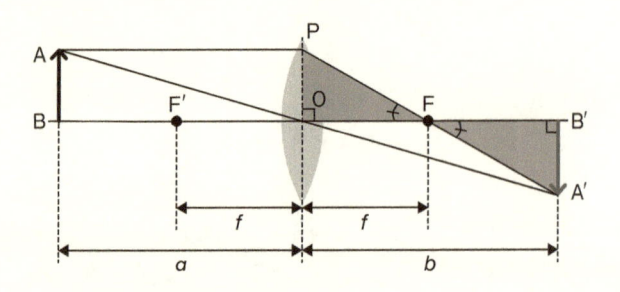

2 つの直角三角形は同様に相似です。よって、

$$PO : A'B' = OF(長さf) : B'F(長さb-f) \quad \cdots\cdots 式②$$

さらに図をよく見ると AB＝PO なので、式①の左辺と式②の左辺の比は同じものを示しています。したがって、

式①の右辺と式②の右辺の比も等しくなります。

$$a : b = f : b - f$$

この式を展開すると、レンズの公式を導くことができます。

$$bf = a(b-f)$$
$$bf = ab - af \quad \Big] \div abf$$
$$\frac{1}{a} = \frac{1}{f} - \frac{1}{b}$$
$$\frac{1}{a} + \frac{1}{b} = \frac{1}{f}$$

これが凸レンズの公式です。このように凸レンズの公式は、できる実像の位置と焦点距離の関係について示しています。

公式の利用

人間の目と凸レンズ

人間の目は、凸レンズである水晶体の厚さを調節し、スクリーンとなる網膜上に実像を作ることによって、その物体を認識しています。

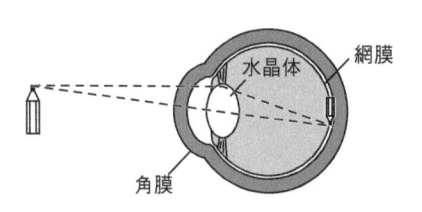

Part 3　波動

　外部から目に光が入ると、光は角膜で一度大きく曲がります。その際、瞳孔によって光の量が調整され、水晶体に入っていきます。水晶体は虫眼鏡と同じ凸レンズになっています。このレンズは周囲の筋肉によって厚さを変えること、つまり焦点の位置を変えることができます。水晶体をうまく調整し、網膜に実像を映すと、その情報が電気信号となって脳に伝わり、人は物体を認識します。

　近視や遠視など目の悪い人は、水晶体の厚さをうまく変えることができなくなっています。すると網膜上に像を結ぶことができず、物がはっきり見えません。

近視用のメガネと老眼鏡の仕組み

　レンズの中心部がへこんでいる形をしたレンズを凹レンズといいます。凹レンズは図のように、レンズの手前にある点からあたかも光が出てきたように、光を散らす性質があります。この点を凹レンズの焦点といいます。

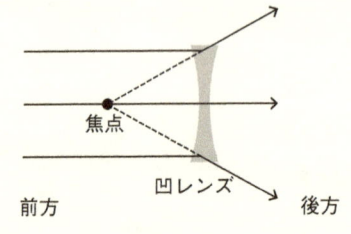

　近くのものはよく見えるけれど、遠くのものがよく見えないのが近視ですね。近視の人は水晶体の調整がうまくできず、網膜（スクリーン）の手前で像を結んでしまいます。そこで凹レンズを使って光を一度広げてから水晶体に

通すと、うまくピントが合うようになります。

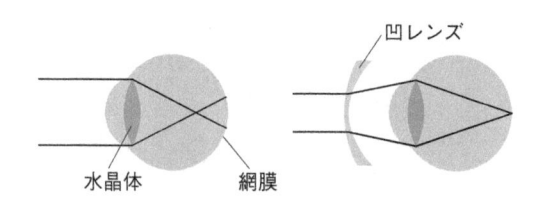

また、年を取ると近くのものが見えにくくなっていきます。これが老眼（遠視）です。老化により水晶体を厚くすることができず、網膜よりも奥で像を結ぶようになり、ぼやけてしまいます。この場合、近視とは逆に凸レンズを使って光をあらかじめ集めてからさらに水晶体で曲げることによって、像が網膜上で結ばれるようになり、ピントが合うようになります。

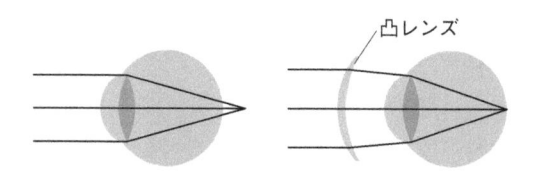

デジタルカメラの凸レンズ

デジタルカメラと目の仕組みは似ています。デジタルカメラでは、角膜や水晶体にあたる部分がレンズ、網膜にあたる部分が光を感知するセンサーです。

Part 3 波動

デジタルカメラのセンサー

　カメラのレンズは凸レンズ1枚ではなく、複数のレンズを組み合わせて、赤から紫までさまざまな色の光がセンサー上で像を結ぶように工夫されています。

　センサーには光を捉えるための小さな粒が敷き詰められています。この粒を画素（ピクセル）といいます。単位面積あたりの画素の数が多いほど、高画質の画像になります。また、カメラは人間の目のようにレンズの厚さを自由に変えることができないので、レンズの位置を前後に動かすことで焦点の位置を変え、ピントを合わせています。

虫眼鏡を使うとなぜ大きく見えるのか

　虫眼鏡（凸レンズ）を通して昆虫を見ると、拡大されて見えます。

この像ができる原因について考えてみましょう。昆虫（図では長さ AB の矢印）にレンズを近づけていき、焦点の内側に昆虫を置くと、レンズの後方には像を結びません。

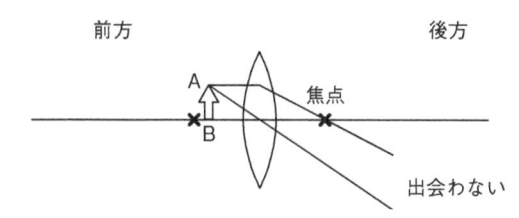

しかしレンズの後方からレンズの中をのぞきこむと、その人からはレンズから出てきた光が、図のようにレンズの前方の別の場所からきているように見えます。このレンズの中にできた像（長さ A′B′）は実物よりも大きくなって見えます。このようにしてできた像を**虚像**といいます。虚像は実像とは違い、レンズをのぞいた人にしか見えません。

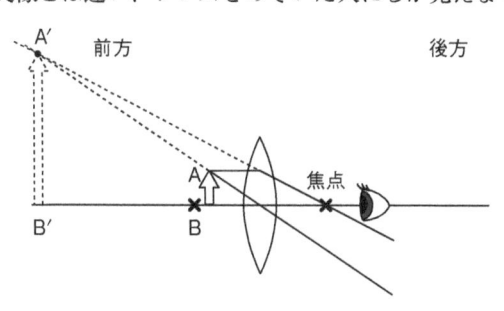

Part 3 　波動

　このように凸レンズの特徴を利用すると、見たいものを拡大することができるため、顕微鏡を作ることができます。ビー玉を使って簡単な顕微鏡を作ってみましょう。厚紙に穴開けパンチで穴を開けます。図のように厚紙の上にビー玉を置き、同様にパンチで穴を開けたビニールテープでサンドイッチして固定します。このとき厚紙の穴とテープの穴が合うようにしましょう。

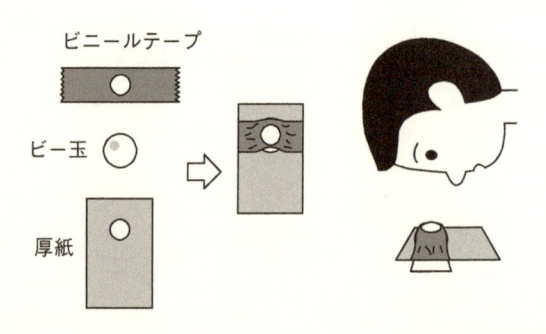

　見たいもの、たとえば蚊などの小さな昆虫をこの厚紙の下に置き、ビー玉を通して上からのぞいてみてください。実際の10倍くらいに拡大された像が観察できます。「微生物学の父」と言われるオランダのレーウェンフックが17世紀に作ったのが、まさにこれと同じ仕組みの顕微鏡でした。ガラス玉をレンズにして最高266倍もの倍率を可能にしたと言われています ⓦⓦⓦ 18-2 。

Part 4 電磁気
電気と磁気が手を組むと力が生まれる

$$V = -N \frac{\Delta \phi}{\Delta t}$$

静電気で髪の毛を逆立てたり、磁石を使って砂鉄を集めたりしたことがあると思います。電気や磁気の面白くて不思議なところは、重力のように「目に見えないところ」にあります。さらに、じつは電気と磁気は別々の関係ないものではなく、お互い関わりを持っています。ですから、磁石をうまく操れば、なんと電流を流すことが、つまり発電することができます！

　Part 4では身近な物でできる実験を通して、これらの電気や磁気のミステリーに迫っていきます。高校物理でいちばん面白いところです。

19 静電気力の公式
目には見えない静電気の力

公式

$$F = k\frac{q_1 q_2}{r^2}$$

静電気力
= クーロン定数 × $\dfrac{\text{電気量1} \times \text{電気量2}}{(\text{2つの電荷の距離})^2}$

　子どもの頃に戻ったつもりで、下敷きを髪の毛にこすりつけてからゆっくりと持ち上げてみてください。髪の毛はうまく逆立ちましたか。この現象は電気と関係しており、下敷きと髪は**静電気**の力によって引き合っています。上の公式は、この力の大きさがどのような要素と関係するのかを表しています。

「静電気」とは、いったい何でしょうか。電気にはプラス（+）とマイナス（−）の2種類があります。プラスとプラス、マイナスとマイナスなどの同符号の電気はお互いに反発し、プラスとマイナスなど異符号の電気は引き合います。この力を**静電気力**（または**クーロン力**）といいます。

　少しミクロな話になりますが、電気について知るためには、物質を作る粒子（原子）の仕組みを知る必要があります。原子はその中心にプラスの電気を持つ陽子という粒子の塊（原子核）と、そのまわりをぐるぐると回るマイナスの電気を持つ電子からできています。

Part 4 電磁気

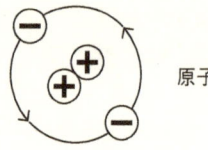

原子

　通常の原子は陽子の数と電子の数が同じになっており、また陽子1個と電子1個の持つ電気の量は同じです。プラスマイナスゼロで、電気の偏りはありません。しかし摩擦などにより外部から刺激を受けると、電子がはずれて他の物質へ移動してしまうことがあります。

　下敷き遊びの例では、下敷きを髪の毛にこすりつけると、「髪の毛を作る原子」から電子がいくつかはがれて、下敷きに移動します。

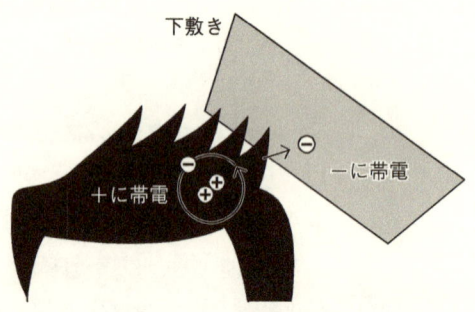

下敷き
＋に帯電
－に帯電

注意：この図では髪の毛の陽子、電子の数は仮に2つとしました。

　下敷きは電子をもらってマイナスの電気が増えたので、マイナスの電気を通常より多く持ちます。この状態を「マイナスの電気を帯びた」または「マイナスに**帯電**した」といいます。また髪の毛は電子がはがれてしまったので（マ

イナスの電気が出て行ってしまったので)、プラスに帯電します。

よって下敷き（−）と髪の毛（+）は静電気力によって引き合います。クーロンという科学者が静電気力の大きさを調べたところ、静電気力は2つの物体の距離の2乗に反比例し、お互いが持つ電気の量（**電気量**）の積に比例することがわかりました。数式にまとめると次のようになります。

$$F = k\frac{q_1 q_2}{r^2}$$

静電気力
$$= クーロン定数 \times \frac{電気量1 \times 電気量2}{(2つの電荷の距離)^2}$$

これが静電気力の公式です。q は電気量を示し、その単位にはC（クーロン）を用います。「物体の持つ電気の量」を**電荷**といいます。r はお互いの電荷の間の距離をさします。k は**クーロン定数**という比例定数です。空気中での k の値はおよそ 9.0×10^9 Nm²/C² という値です。

さてこの公式、ジーッと見つめると何かに似ていませんか。そう、力学分野に登場した「万有引力の公式」です。万有引力の公式との大きな違いは、静電気力の比例定数 k が「9.0×10 の9乗（10^9）」という大きな値であるのに対して、万有引力の比例定数 G は「6.7×10 のマイナス11乗（10^{-11}）」という、とても小さな値だということです。たとえば、1 kgの2つの物体を1 m離して置いたときの万有引力を計算してみると、

Part 4　電磁気

$$0.000000000067 \text{ N}$$

ですが、「+1C」と「-1C」の電荷を1m離して置いたときにはたらく引力は、

$$9000000000 \text{ N}$$

となり、万有引力より静電気力がいかに大きな力であるかわかります。

　私たち人間も物体ですから、2人いれば互いに万有引力がはたらきます。しかしその力は小さすぎて日常では感じることができません。万有引力は、惑星規模になったときにはじめて感じることのできる力です。

　しかし、電気は少しでも偏ると大きな力となり、私たちの世界に大きな影響をおよぼすことをこの数字は示しています。下敷きをちょっと髪の毛にこすりつけただけで電気の偏りが生じ、目に見えない力がはたらいて髪の毛を持ち上げます。冬には「バチ！」とドアノブと人間の手の間に火花が発生したり、夏には雷などの大きな自然現象も引き起こしたりします。

公式の利用

静電気でチョウチョを飛ばそう

　下敷きと髪の毛に限らず、物体をこすり合わせたりすると、どんな物質でも電子の移動が起こり、大なり小なり帯電します。ただし物体によって電子を手放しやすいもの

（プラスに帯電しやすいもの）と、電子を受け取りやすいもの（マイナスに帯電しやすいもの）があります。

プラスに帯電しやすいもの
ガラス、動物の毛皮、髪の毛、ナイロン

マイナスに帯電しやすいもの
ゴム風船、プラスチック下敷き、琥珀(こはく)

「プラスに帯電しやすいもの」と「マイナスに帯電しやすいもの」を組み合わせてこすると、大きな静電気が発生します。簡単な実験をしてみましょう。スーパーの袋（ポリエチレン）をチョウチョ形にハサミで切り取り、ティッシュでこすります。また風船を膨らませて同じようにティッシュでこすります。

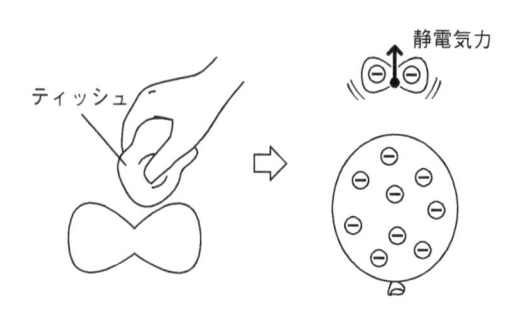

ティッシュでこすると、ティッシュから電子が移動して、チョウチョも風船もマイナスに帯電します。このマイナスのチョウチョを空中に投げて、マイナスの風船を下から近づけると、風船とチョウチョが静電気力によって反発

し、チョウチョを飛ばし続けることができますⓌⓌⓌ 19-1 。

ただし、静電気の実験は夏など湿度の高い日にはうまくいきません。目には見えなくても物体の表面が湿っていて、静電気が発生しても湿った部分を伝わってすぐに逃げてしまうためです。

アースって何をしているの？

冷蔵庫や洗濯機、またはデスクトップパソコンなど大型家電のコンセントを見ると、脇に奇妙なコードがついていることに気がつきます。これを**アース**といいます。

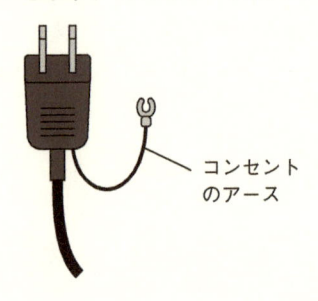

コンセントのアース

また台所のコンセントの差し込み口を見ると、このアースを付けるところがあります。アースの行き先はコンセントを通ってどこにいくのかというと、なんと地面とつながっています。このコードは何のためについているのでしょうか。

通常、家電に流れている電流は外部に漏れることはありません。しかし故障など何かのきっかけで、電気が外部に漏れる場合があるかもしれません。とくに大型家電は大きな電流を扱うので、故障した家電に触れると、電気が体に

流れて感電してしまうかもしれません。そこでアースをコンセントにつなげ、その先を地面につけておけば、万が一家電から電流が漏れたとしても、アースを通して地面へと流れていくため、安全というわけです。

20 電場から受ける力
電気の世界を「見える化」

公式

$F = qE$
電荷が受ける力 = 電気量 × 電場

電場──電気の世界の「力」

物体に力を加えるためには、その物体に触らなければいけません。しかし静電気力は、ある電荷と他の電荷が触れていなくても、もう一方へ力を及ぼします（これと似た力に重力があります）。この不思議な静電気力による影響を表すために便利な物理量が**電場**です（なお電場は**電界**ともいいます）。

たとえば次の図のように、+1Cの電荷Aがあるとします（①）。そのそばに「+Q[C]の**帯電体**（帯電した物体）」を置くと、Aはその帯電体から静電気力を受けます（③）。帯電体がなければ電荷Aは影響を受けないので、この物体があることによって、私たちの目には見えませんが、空間に何か変化が起こったと考えられます（②）。

20 電場から受ける力

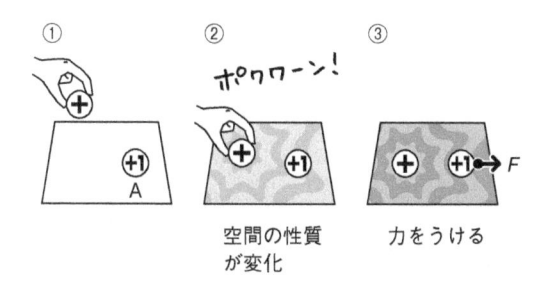

① ② ポワワーン！ ③

空間の性質　　力をうける
が変化

この「空間の変化」を表すものが電場や電位です。$+Q$ [C]の帯電体から 1 m 離れた場所に電荷 A を置くと、A にはたらく静電気力は次のようになります。

$$F_A = k\frac{Q \times 1}{1^2} = kQ$$

また電荷 A の代わりに +2 C の電荷 B を同じ場所に置けば、電荷 B にはたらく静電気力は $F_B = 2kQ$ [N] となります。F_B は A が受ける力 F_A を使って示せば、$F_B = 2F_A$ となります。もし +3 C の電荷 D をおけば、D が受ける静電気力は同様に $F_D = 3kQ = 3F_A$ [N] と表すことができます。つまり、その場所の +1 C の電荷が受ける力 F_A がわかっていれば、F_A の倍数で他の電荷が受ける力を表すことができます。

そこで +1 C の電荷を基準にして、「+1 C の電荷が受ける力」をその場所の電場 E と決めます。上の例では F_A は電場 E を示しています。よって、ある $+q$ [C] の電荷 X が、

その場所の電場 E から受ける力は $F_X = qE$ と表すことができます。電場 E の単位は N/C を使います。

電荷	受ける力 F_A
+1 C	E[N]
+2 C	$2E$[N]
+3 C	$3E$[N]
⋮	⋮
+q[C]	qE[N]

+Q[C]の帯電体のまわりのさまざまな場所に+1Cの電荷 A を置いて、電場 E を調べてみましょう。すると電場の分布から、+Q[C]の帯電体が作った「電気的な空間の様子」がわかります。

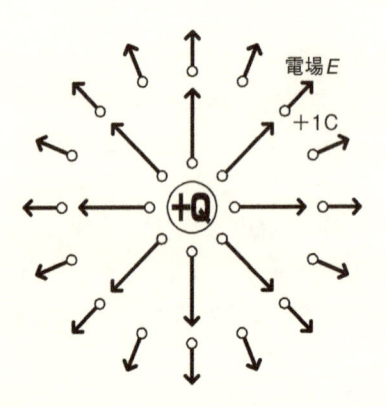

帯電体に近い場所では電場は大きく、遠くなるにしたがい小さくなります。たとえ帯電体がどこにあるかわからな

くても、+1Cの電荷Aを置いたときに、Aが受ける力から電場は調べられます。

実際電気は目に見えないので、帯電している物体とそうでない物体は区別がつきません。いろいろな場所に複数の帯電している物体が潜んでいるかもしれません。そんなよくわからない空間でも、+1Cの電荷Aをいろいろなところに置くことによって、その空間の電場の分布がわかります。これは気象状態を知るために、さまざまな場所の風速・風向を測定することと似ています。

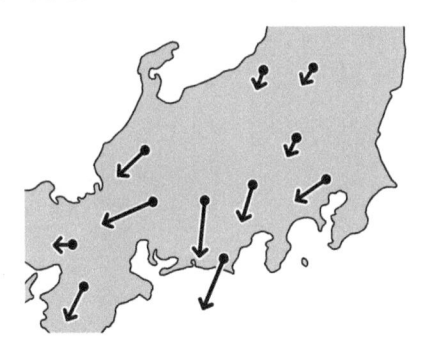

ある場所の電場さえわかれば、「その電場を作っている犯人（帯電体）」を知らなくても、ある大きさの電荷（+q [C]）がその場所でどのような力をどんな向きに受けるのかが計算できます（$F=qE$より、E倍すればよい）。もし電場を調べずに、静電気力の公式しか知らなければ、いちいち相手の電荷を探して、その電荷からの距離を測らなければいけません。

電位——電気の世界の「高さ」

次に、電位について見ていきましょう。電場は+1Cの電荷にはたらく力でした。もう少し簡単に言えば、電場は「力」です。では電位は何かというと、電気の世界の「高さ」にあたります。たとえば次の図のように、斜面上においた物体は重力により力を受け転がっていきます。斜面の傾きが大きいほど、物体にはたらく力は大きくなります。

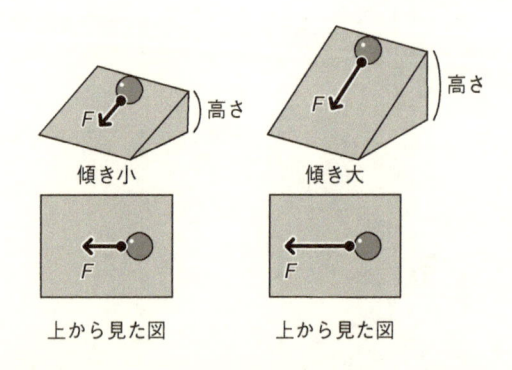

電場も同じです。次の図のように、+1Cの電荷が電場によって力を受けるときを考えてみます。このとき、電気の世界に新たな「電気空間における高さ」にあたるものを導入し、その傾きによって電場が生じていると考えてみます。

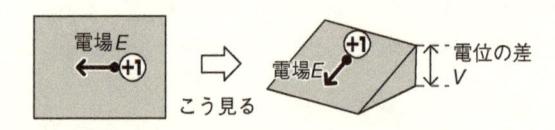

この高さのことを**電位**といい、Vで表します。電位によ

ってできた斜面の傾きは電場を示しています。電場が大きいほど、斜面の傾きも大きくなります。

たとえば+Q[C]の電荷のまわりはどんな電位になるか考えてみます。次の図の左側のように、電荷 Q の近くでは大きな電場が、電荷 Q から離れるにしたがい小さな電場が放射状に発生します。この電場の大きさを電位を使って表現したのが右側の図です。電場が大きいほど、斜面の傾きが大きくなるように描かれています。電荷 Q の近くでは傾きが大きく、離れるにしたがって傾きが小さくなっていますね。

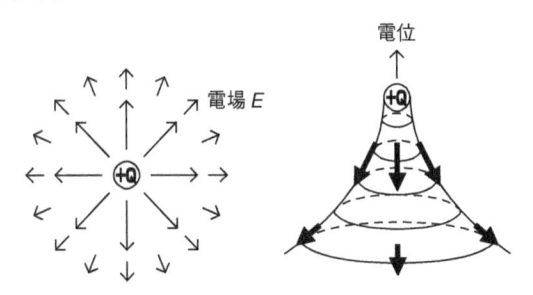

電場だけを使って表現した図よりも、電位（高さ）を導入することで、より電気の世界がイメージしやすくなりました。このように電場・電位の考え方を使うと、プラスとプラスの電荷が反発する様子や、プラスとマイナスの電荷が引き合う様子はどのようにイメージできるのでしょうか。たとえばハンカチを水平に持って、その上にビー玉を置きます。このときビー玉は動きません。

Part 4　電磁気

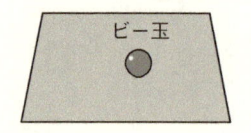

ビー玉

　ハンカチを次の図のように上向きに引っ張ると、ビー玉は引っ張られた場所から遠ざかるように転がっていきます。またハンカチを下向きに引っ張れば、ビー玉は引き寄せられるように転がっていきます。この引っ張りがプラスやマイナスの電荷が作る電位、ビー玉がもう一方のプラスの電荷の様子を表しています。

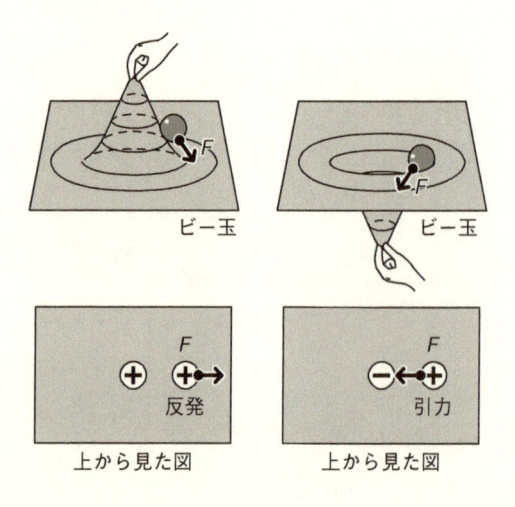

ビー玉　　　ビー玉

⊕ ⊕→ 反発　　⊖←⊕ 引力
上から見た図　　上から見た図

　電位は正確には、+1Cの電荷の持つ静電気力による位置エネルギー(高さのエネルギー)として定義されています。単位はJ/CまたはV(ボルト)を使います。

200

公式の利用

避雷針は雷を「導いて」いた!?

雷は自然界で起こる静電気の放電現象です。夏、積乱雲などの雷雲が発生する過程で、雷雲の素になる氷の粒がぶつかり合い、そのときの摩擦によって静電気が発生します。このとき大粒の氷はマイナスに、小粒の氷はプラスに帯電します。

重力と積乱雲の中の上昇気流の関係で、次の図のようにプラスの電荷を持つ小さな氷は雲の上部に、マイナスの電荷を持つ大きな氷は雲の下部にたまっていきます。そのため雷雲の真下の地面には、雷雲の下部にたまったマイナスの電荷とは反対のプラスの電荷が集まってきて、地面との間で電場が大きくなっていきます。空気の中を通常、電流は流れませんが、電圧（電位の差）がおよそ1億Vくらい大きくなると、電流が空気中を流れます。これが雷です。

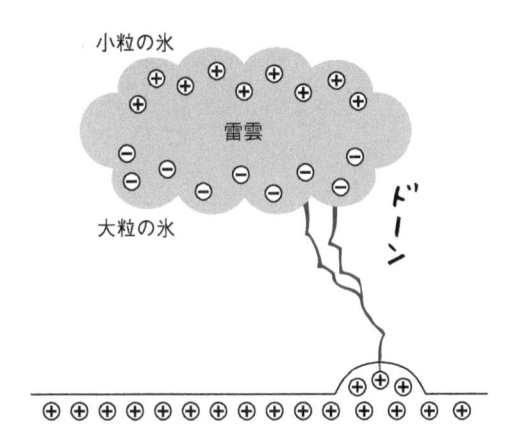

このようなことから、鉄塔など大地から突き出した部分では積乱雲との距離が近くなるため、大地のプラスの電荷が集中します。すると突出した部分と雲との空間の電場は非常に強くなり、雷は落ちやすくなります。

雷は、直撃せず近くに落ちただけでも人体に大きな電流が流れることがあります。この電流のエネルギーは非常に大きく、人体に流れると怪我をするどころか死んでしまうかもしれません。雷雲が近づき危なそうなときには、より高いところに地面のプラスの電気が集中するため、高い建物や高い木のすぐそばに避難することは避けましょう。平地のなるべく窪んだところで足をそろえるようにしてしゃがむとよいそうです。

このように危険な雷ですが、避雷針という設備を高いビルの上につけておくことにより、落雷事故や落雷によるビルの損傷を防ぐことができます。雷雲の電気を誘導して避雷針に落とし、その大きな電流を直接地面へと流すことで、建物本体に電流が流れることで起こる被害を減らす仕組みです。避雷針は、名前とは裏腹に雷を避けるわけではなく、導いているというわけです。

21 オームの法則
回路に流れる電流と電圧の関係

公式

$V = IR$
電圧 = 電流 × 抵抗値

電流

このオームの法則の公式は、記憶に残っている人も多いかもしれません。左辺 V は電圧を、右辺 I は電流を示しています。R は抵抗といい、電流の流れにくさを表しています。今回は静電気ではなく電気の流れ、電流について見ていきましょう。下の図のように電池と豆電球を導線でつなぐと、豆電球は光り始めます。

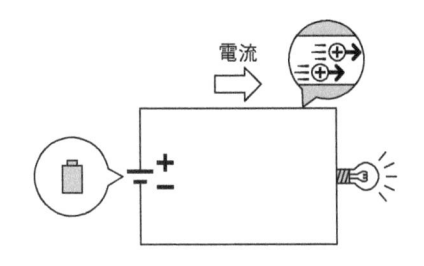

このとき導線をペンチなどで切ると、豆電球の明かりは消えてしまいます。このことから導線の中には何かが流れていると考えられます。はじめてこのような現象を見た科学者は、電池のプラス極から「プラスの電荷」が導線の中

を流れ、電池のマイナス極に戻ってくると考えました。このプラスの電荷の流れを**電流**といいます。しかし、これは後になって誤りであることがわかりました。では実際に、導線の中にはどのようなものが流れているのでしょうか。

銅などの金属原子同士は、金属結合という特別な結合をしており、電子の一部が金属原子の間を自由に動けるようになっています。これを**自由電子**といいます。自由電子は通常、やたらめったらといろいろな方向に動き回っています。しかし電池を接続すると金属内に電場が発生し、自由電子はその電場によって力を受け、いっせいに同じ方向に動き始めます。

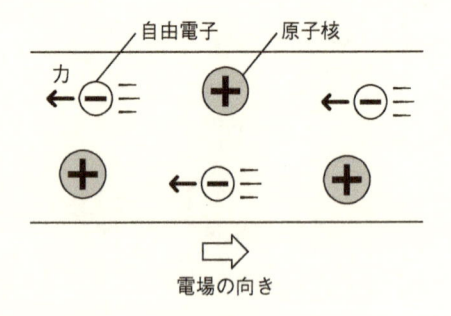

ここで、自由電子の持つ電気はマイナスなので、電場からは逆向きに力を受けます。このようにマイナスの電気を持つ電子の流れが、電流の正体だったのです。電流は「プラスの電荷の流れ」と決めて使っていましたが、実際にはマイナスの電気を持った電子が、逆方向に流れていることがわかりました。19世紀後半のことです。

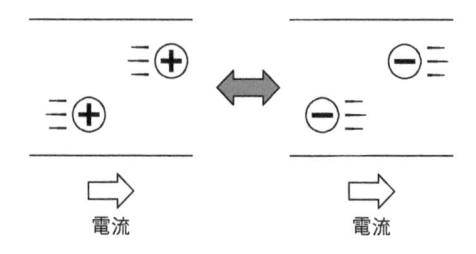

そう、すべてが逆だったのです。とはいえ、当時すでに電気のはたらきは「電気学」として学問になっていました。このままでは混乱してしまいます。あら困った！ しかし実際にはあまり大きな問題にはなりませんでした。プラスの電荷が右に動くことと、同じ大きさのマイナスの電荷が左に動くことは、結果として電気量の計算などは変わらないからです。

このような理由から、電流は従来決めたとおり、歴史的な流れをくんでプラスの電荷の流れと定義され、現在も使われています。電流の大きさは、1秒あたりに導線のある場所を通る電気量のことをいいます。

$$I = \frac{Q}{t}$$

電流＝電気量÷時間

電流の単位はA(アンペア)を用います。たとえばある導線に1Aの電流が流れていると、その導線には1秒あたり+1Cの電荷が流れていることを示します。

Part 4　電磁気

電圧

　次に、電流と電圧の関係について見ていきましょう。ふだん皆さんが使っている電池には「1.5 V」などと電圧が表示されています。この電池と豆電球を導線でつないで回路を作ります。このとき導線には電流が流れ、豆電球が光ります。

　電位とは、電気の世界の「高さ」（静電気力による位置エネルギー）のことを示していました。電池と豆電球をつなげた電気回路について、「電気の世界の高さ」という視点で電圧と電流をイメージしてみましょう。プラスの電荷を水分子と考えて、水路を流れる水の流れを電流とします。高さがどこも同じで平らな水路では、水は流れません。これは、電池をつながずに導線で回路を作っても、電流が流れないことと同じです。

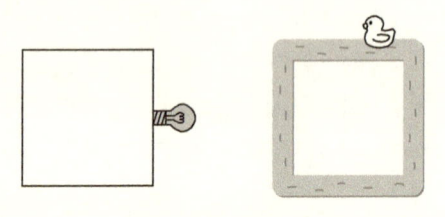

　電池をつなぐと、電池のプラス極からマイナス極に向かって電場が発生します。電場は電気の世界の傾きに対応していましたね。電位の高いほうから低いほうに向かって発生するので、電池のプラス極はマイナス極に比べて高い場所にあることがわかります。じつはこのように、電池は「電気を作るところ」もしくは「貯めておく池のような場所」ではなく、次の図のように水（プラスの電荷）を低い

所から高い所へと運ぶポンプの役割をしています。

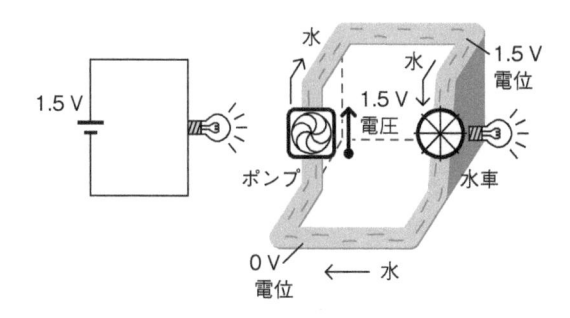

たとえば持ち上げる前の水路の高さを0Vとして、電圧1.5Vの電池を通過すると0Vから1.5Vの電位まで電荷は持ち上げられて、高さは1.5Vとなります。このように、**電圧**とは2つの場所の電位の差（電位差）のことをいいます。

1.5Vの電位まで持ち上げられたプラスの電荷は、豆電球の場所まで来ると、位置エネルギーを使って仕事をします。豆電球はこの場所に置かれた水車のようなものです。水が高いところから落ちて水車にぶつかると、水車は回り始めます。これと同じように、電荷が豆電球を通ると、豆電球が光ります。

このように豆電球は、静電気力による位置エネルギー（電気エネルギー）を熱エネルギーや光エネルギーに変える装置です。そして電荷がスタート地点の0Vの電位まで戻ると、また電池によって1.5Vの高さがつけられて……という具合に電荷は回路を流れ続けます。電池の電圧が3Vや4Vなどと大きいと、そのぶん高い場所まで電荷は

運ばれるので、高い位置エネルギーを得ます。よって豆電球はより明るく光ります。

では、実際には豆電球の中ではどのようなことが起こっているのでしょうか。

導線の中を動いている自由電子は、導線の中をスーッと流れるように動いているのではなく、導線や豆電球を構成する原子核に「ゴン！」「ガン！」と衝突しながら流れています。衝突した電子は、そのぶん運動エネルギーを失いますが、衝突された原子核は電子から運動エネルギーをもらって振動を始めます。この振動が、熱エネルギーや光エネルギーになります。

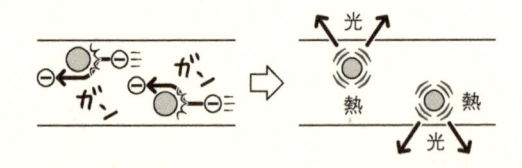

また、1本の水路にたくさんの水車をつけると水の流れは悪くなります。このとき、水車は水の流れを妨げていることになります。これと同じように、電気回路でもたくさんの豆電球を直列でつなげると、豆電球1つ1つの明るさは暗くなり、電流は流れにくくなります。豆電球などの電気エネルギーを使う場所は、回路の電流の流れを妨げる役割をするのです。この豆電球のように電流を流れにくくするものを**抵抗**といいます。また「流れにくさの量」（抵抗の大きさ）を**抵抗値**といい、単位は Ω（オーム）を使います。

電流、電圧、抵抗と、これで役者は揃いました。「オー

ムの法則」について見ていきましょう。回路に大きな電圧 V を与えると、当然流れる電流 I は大きくなります。また抵抗値 R の大きな抵抗をつけると、回路に流れる電流 I は小さくなります。よって電流 I は電圧 V に比例し、抵抗 R に反比例します。

$$I = \frac{V}{R}$$

この式を電圧 V について解くと、

$$V = IR$$
$$電圧 = 電流 \times 抵抗値$$

となります。これが**オームの法則**の公式です。

公式の利用

回路には何粒の電子が流れているのか

導線の中では、実際にどれくらいの自由電子が動いているのでしょうか。

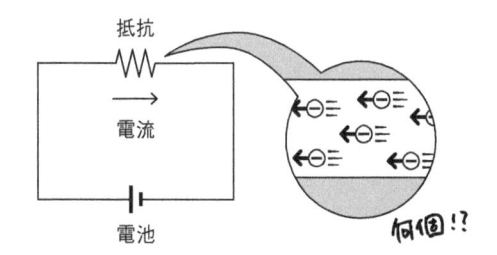

Part 4　電磁気

　その数を簡単に計算してみましょう。例として、小学校などで利用した1.5Vの電圧をかけたときに抵抗値が5Ωとなる豆電球に、乾電池1つ（1.5V）を接続して光らせた場合について考えてみましょう。

　このとき回路を流れる電流はオームの法則から

$$I = \frac{1.5}{5} = 0.3 [\text{A}]$$

0.3Aとなります。このことから1秒間に抵抗に流れる電気量は、先に登場した電流の式（電流＝電気量÷時間）から、

$$Q = 0.3 \times 1 = 0.3 [\text{C}]$$

となります。じつは電子1つの持つ電気量の大きさは、1.6×10^{-19} Cということが知られています。このことから、1秒間に抵抗を通った電子の数は

$$0.3 \div (1.6 \times 10^{-19}) \fallingdotseq 1.9 \times 10^{18} \text{個}$$

となります。乾電池1個で、1秒間に10の18乗もの電子が抵抗の中を通過していたのですね。

22 直列・並列接続の公式
豆電球の明るさの違いとつなぎ方

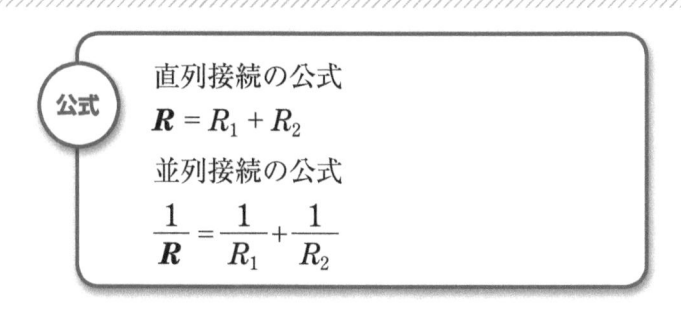

公式

直列接続の公式
$R = R_1 + R_2$

並列接続の公式
$\dfrac{1}{R} = \dfrac{1}{R_1} + \dfrac{1}{R_2}$

小学校では2個の豆電球と電池を使って、**直列接続**と**並列接続**における豆電球の明るさの関係について実験をします。

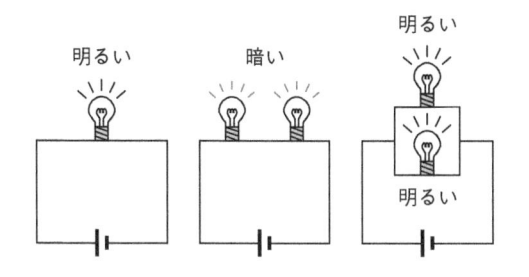

明るい　　　暗い　　　明るい／明るい

豆電球の様子を観察すると、2個を直列にして電池につないだときは、1個だけをつないだときよりも暗くなります。これは1つの電池を使って2個の豆電球を光らせているので、当たり前のように思いますよね。ところが、並列にして同じように1個の電池とつなぐと、2個とも1個だ

けの場合と同じ明るさで光ります。なぜこのようなことが起こるのでしょうか。直列接続、並列接続における合成抵抗の公式を導きながら、この仕組みについて考えて見ましょう。

直列接続の公式

次の図のように2つの豆電球（R_1、R_2）を直列につなぎ、電流を流します。豆電球のような抵抗は回路図では「ガタガタ道」で表します。いかにも電気の流れにくそうな感じですね（抵抗の記号は細長い長方形 ─▭─ を使うこともあります）。

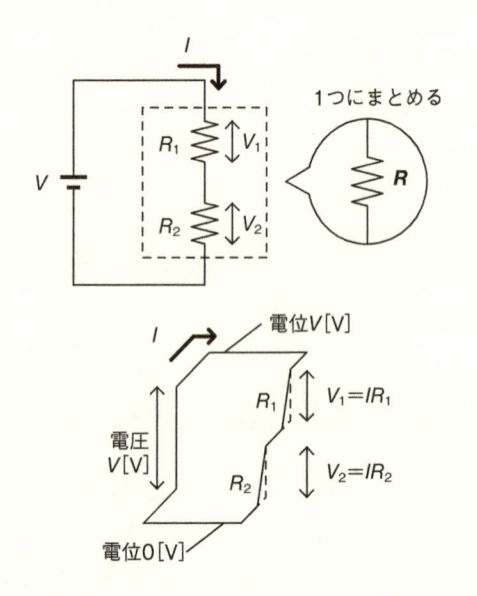

直列は道が1本しかないので、2つの豆電球には同じ量の電流 I が流れます。また図の下側に示したように、電位

212

の軸を高さ方向にとって立体的な水路のモデルで考えると、電池からもらった電圧を2つの豆電球で取り合うため、ひとつひとつの豆電球は1個のときよりも暗くなってしまいます。

ここで豆電球R_1の電圧をV_1、豆電球R_2の電圧をV_2とすると、回路全体の高さの関係は次のようになります。

$$V = V_1 + V_2 \quad \cdots\cdots 式①$$
電池の電圧 = 豆電球R_1の電圧 + 豆電球R_2の電圧

オームの法則から、右辺の電圧はそれぞれ$V_1 = IR_1$、$V_2 = IR_2$となり(電流は同じなのでIを使っています)、それらを式①に代入すると、

$$V = I(R_1 + R_2) \quad \cdots\cdots 式②$$

となります。ここで$R_1 + R_2$を1つの抵抗とみなし、まとめて**R**と置くと、

$$V = IR \quad \cdots\cdots 式③$$

となります。この**R**のように、複数の抵抗を1つにまとめて表した抵抗を**合成抵抗**といいます。これが中学校や高校で教わる直列接続における合成抵抗の公式です。

$$\boldsymbol{R} = R_1 + R_2$$

並列接続の公式

次に、並列接続の公式を導いてみましょう。次の図上のように2つの抵抗(R_1、R_2)を並列につなぎます。そこに

Part 4　電磁気

電圧をかけると、途中で道が2つに分かれているため、図下の水路モデルのように、2つの豆電球はそれぞれ電池の電圧 $V[\mathrm{V}]$ を使うことができます。このことから、2個の豆電球は1個のときと同じ明るさになります。

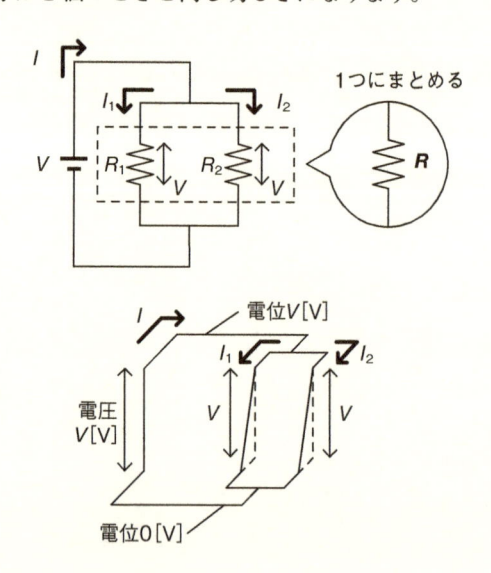

　左の豆電球に流れる電流を I_1、右の豆電球に流れる電流を I_2 とすると、それぞれの抵抗でオームの法則について考えると、次のようになります。

$$V = I_1 R_1,\ V = I_2 R_2\ \cdots\cdots 式④$$

　また回路全体を流れる電流を I とすると、I が2つの道に分かれて I_1、I_2 の電流になったので、

$$I = I_1 + I_2\ \cdots\cdots 式⑤$$

となります。式④を I_1 と I_2 について解き、式⑤に代入すると、

$$I = \left(\frac{1}{R_1} + \frac{1}{R_2} \right) V \quad \cdots\cdots 式⑥$$

となります。ここで2つの抵抗を1つの抵抗とみなし、合成抵抗を R とします。回路全体を流れる電流 I は、合成抵抗 R を使って考えるとオームの法則（$V=IR$）より、

$$I = \frac{1}{R} \times V \quad \cdots\cdots 式⑦$$

と表すことができます。式⑥、⑦を比較すると、抵抗の部分が次のように対応することがわかります。

$$\frac{1}{R} = \frac{1}{R_1} + \frac{1}{R_2}$$

これが並列接続における合成抵抗の公式です。

公式の利用

タコ足配線はなぜ危険なのか

家庭の電源は、100Vの交流電源を使っています。電気機器を並列に接続すると、それぞれの機器にかかる電圧は、電源電圧100Vと等しくなります。もし直列に接続してしまうと、それぞれの抵抗に電圧が分散されてしまい、電気機器を動かすために必要な電圧を保つことができなく

なります。そのため、1つのコンセントの口からテーブルタップなどを用いてたくさんの電気器具を使う場合、テーブルタップの中は並列つなぎになっています。

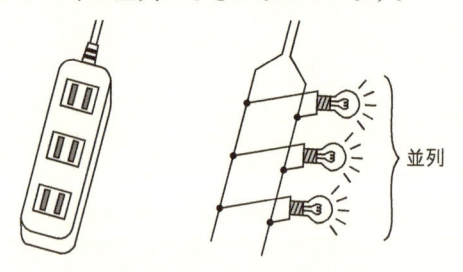

並列

　このように並列接続は便利なつなぎ方ですが、弱点もあります。それぞれの電気機器を流れる電流は、最終的にはテーブルタップ本体の1本のコードに集まってきます。すると、本体の1本のコードには大電流が流れるため、導線が発熱して火災の原因になるなど、危険な場合があるのです。このため、テーブルタップを使ってたくさんの電気機器を使用する場合（タコ足配線）は注意が必要です。ドライヤー、加湿器、電気ポットなど、大きな電流が流れる電気機器を同時に1つのタップにつないで使うことのないようにしたいものですね。

豆電球の抵抗は変化してしまう？

　今までは豆電球の抵抗値Rを一定として、オームの法則を使って計算してきましたが、じつは豆電球の抵抗値は電流の流れ方によって少しずつ変化していきます。同じ材質でできた抵抗の大きさは、その長さLに比例し、また断面積Sに反比例します。これらの関係をまとめると、次の

ように表されます。

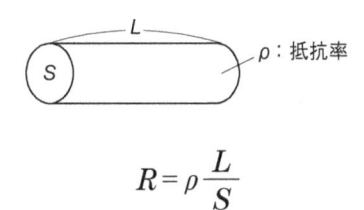

$$R = \rho \frac{L}{S}$$

抵抗値 = 抵抗率 × $\dfrac{長さ}{断面積}$

　抵抗は電流の流れにくさを示しているので、抵抗の長さ L が長いほど、抵抗値 R は大きくなります。デコボコ道が長いと走りにくいのと同じですね。また、断面積が小さいほうが細くて通りにくくなるため、抵抗値は大きくなります。ρ（ロー）は**抵抗率**とよばれ、鉄やアルミなどの材質やその温度によって決まる比例定数です。

　白熱電球は長時間つけておくと、やけどしそうなくらい熱くなります。このように温度が大きく変わるような抵抗は、電圧を上げるとそれに比例して抵抗値も大きくなってしまうので、電流はかえって流れにくくなります。

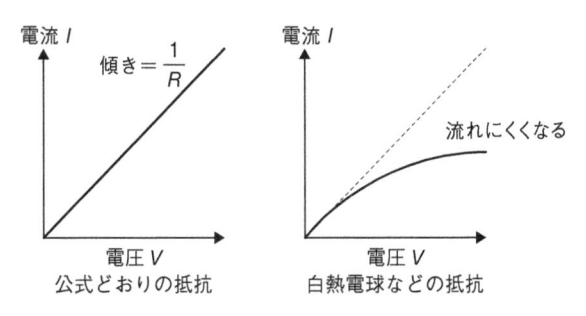

電流 I　傾き = $\dfrac{1}{R}$　　　電流 I　流れにくくなる

電圧 V　　　　　　　　　　　電圧 V
公式どおりの抵抗　　　　　　　白熱電球などの抵抗

なぜ白熱電球など、熱を放出する抵抗ではこのようなことが起こるのでしょうか。白熱電球の中をのぞいてみましょう。白熱電球のフィラメント部分の原子核に電子がぶつかると、原子核の熱振動が激しくなっていきます（温度が上がっていきます）。原子核が激しく振動していると、自由電子は振動した原子核にはじかれる割合が大きくなり、流れにくくなっていきます。これは抵抗値が大きくなったことを示します。

サッカーでたとえてみましょう。キーパーがただ立っているだけだと、ボールはゴールにどんどん入りますが、キーパーが動き始めると、ボールはキーパーにはじかれることが多くなります。これと同じことが電流にも起こっているのですね。

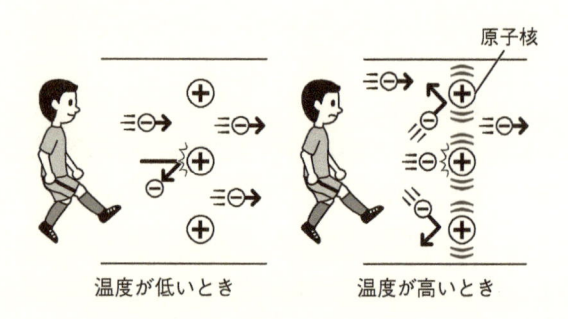

温度が低いとき　　　　温度が高いとき

23 電力量の公式
電気エネルギーの量り方

公式

$W = Pt$
電力量 = 電力 × 時間

モーターに電流を流すと、モーターは回転します。このようにモーターは「電気エネルギー」を「運動エネルギー」に変える装置です。モーターに t 秒間電流を流して、仕事をさせたとします。このときモーターの電圧が $V[\mathrm{V}]$ で一定であったとし、モーターに流れた電気量を $+Q[\mathrm{C}]$ とすると、このときモーターのした仕事 W は次の式で示されます。

$$W = QV$$

電圧 $V[\mathrm{V}]$ とは、$+1\mathrm{C}$ の電荷の持つエネルギーなので、合計で $+Q[\mathrm{C}]$ の電気量がモーターに流れると、そのとき電荷が失った位置エネルギーは $Q \times V[\mathrm{J}]$ となるからです。このエネルギーが、モーターの運動エネルギーとなります。このモーターが使用した電気エネルギー W を**電力量**といいます。

電流の式 $I = Q/t$ (電流 = 電気量 ÷ 時間) より、$Q = It$ としてこの式に代入すると電力量は、

$$W = IVt \quad \cdots\cdots 式①$$

と表すこともできます。電力量はこのように、モーターに流れる電流と、モーターの電圧、そして時間の3つの要素が関係していることがわかります。この3つの要素について、水路モデルでイメージしてみましょう。

モーターのようなエネルギーを使う場所を水車、電流を水の流れと考えてください。水路から水を落として、水車を回したいとします。水車をより速く、もしくはよりたくさん回すためにはどのような方法があるでしょうか。

・水路を流れる水を増やす（①）→電流 I を大きくする
・水路の高さを高くする（②）→電圧 V を大きくする
・長い時間、水を水車に当てる→時間 t を長くする

の3つの対策が考えられます。

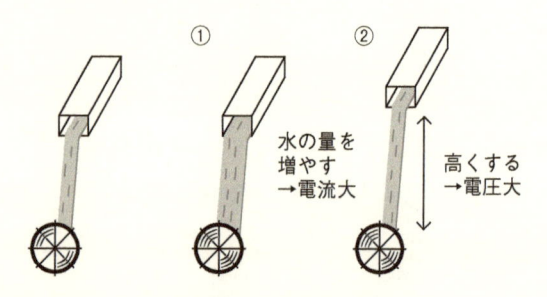

このように、電力量 W は I、V、t に比例していることがわかります。また、電流に電圧を掛けたもの（$I×V$）を**電力**といい、P で表します。電力の単位は W（ワット）を使います。電力を使って電力量を表すと、より単純に電力量を示すことができます。

$$W = Pt \quad \cdots\cdots 式②$$
電力量＝電力×時間

　この式を電力 P について解くと、$P = W/t$ となり、電力とは「1秒あたりに使う電気エネルギー」という意味になります。電力が 500 W のヘアドライヤーを使うと、1秒で 500 J のエネルギーを使用することがわかります。また私たち人間は、日常で生活していると1秒で 100 J の熱エネルギーを外部の環境に放出しているそうです。これは 100 W の電球と同じエネルギーを放出していることになります。

公式の利用

電力量とジュール熱の関係

　19世紀のイギリスの科学者ジュールは、モーターを動かしていると、回転しているだけではなく、熱も発生していることに気づきました。そこでジュールは、抵抗値 R の電熱線に電流を流したときに発生する熱量 Q と、流した電流 I の関係を求めました。それが次の関係式です。

$$Q = I^2 Rt \quad \cdots\cdots 式③$$
熱量＝電流の2乗×抵抗値×時間

　発生する熱は電流の2乗に比例しています。このように電流によって発生する熱を、**ジュール熱**といいます。
　この式にオームの法則 $V = IR$ を代入すると、$Q = VIt$ と

なり、電力量の式①と同じ形になっているのがわかります。このように、電気エネルギーは熱エネルギーにもなります。

長距離送電によるジュール熱を防げ！

大規模な発電所の多くは山間部や海岸近くなど、都市部から離れたところにあります。そうした発電所で作った電気は、都市部まで長距離の送電線を通して運ぶ必要があります。電線も小さいながら抵抗値があります。長距離のため、あちこちから発生するジュール熱による電気エネルギーのロスが馬鹿になりません。

電力会社は、できるだけ電線から発生する熱を少なくして、電気エネルギーを効率よく都市部へ送り届ける必要があります。そこで電線に高電圧をかけて、電線から発生するジュール熱を少なくしています。なぜ高電圧をかけると効率よく運べるのでしょうか？

たとえば発電所で1秒間にP[J]の電気エネルギーが作られるとします。このP[J]を家庭に送り届けるときを考えてみます。このとき電線にかける電圧をVとすると、電

線を流れる電流 I は $P=IV$ より、

$$I = \frac{P}{V} \quad \cdots\cdots 式④$$

となります。送電線全体の抵抗値を R とすると、送電線から1秒間に発生するジュール熱 Q は、式③より t に1を代入して、

$$Q = I^2 R$$

となります。ここに式④の電流 I を代入すると、

$$Q = \frac{P^2 R}{V^2}$$

となります。送り出すための電圧 V が分母になるので、電圧 V が大きいほど、途中の電線から発生するジュール熱 Q を減らすことができることがわかります。

実際は次の図のように、発電所からは15万Vを超える高電圧で電気を送り出し、安全性の観点から都市部に近づくにつれ段階的に電圧を下げるような工夫をしています。

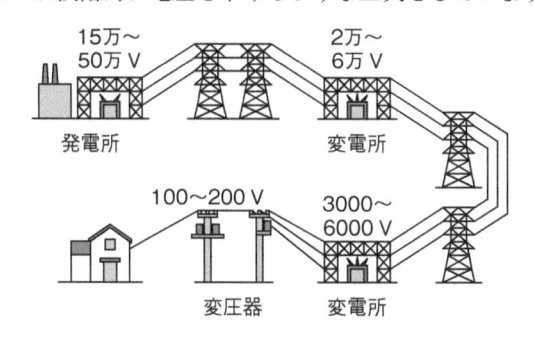

Part 4　電磁気

電気代を計算してみよう

　電気料金の明細表を見たことがありますか。明細表には「あなたの使用した電力量は○○ kWh です」と記されています。このように、電気料金の算出には kWh(キロワット時) という単位が使われています。1 Wh(ワット時) とは 1 W の電球を 1 時間 (3600 秒) 使ったときに使用するエネルギー量のことです。つまり、1 Wh は 1 W×3600 秒＝3600 J のエネルギーのことです。1 kWh の k は 1000 を示すので、1 kWh とは 3600000 J となります。

　電力会社によって 1 kWh あたりの料金が決まっており、電気料金を算出するときのひとつの要素になっています。地域によって差はありますが、大雑把に 1 kWh は 22 円で概算することができます。一例として、私が自宅で使っている電気ストーブは 400 W です。この電気ストーブを帰宅後、毎日 19 時から 23 時までの 4 時間、1ヵ月 (30 日間) 使ったときの、ストーブによる電気料金を計算してみましょう。

　まず 1 時間使ったとすると、400 Wh＝0.4 kWh のエネルギーを使用したことになり、0.4 kWh×22 円≒9 円かかったことになります。4 時間ではその 4 倍の 36 円。30 日で、その 30 倍の 1080 円となります。電気ストーブだけでこれだけのお金がかかっていました。

　また先に書いたように、私たちは 100 W の電球と同じエネルギーを熱として外部に放出しています。つまり 1 日で 100 W×24 時間＝2400 Wh (2.4 kWh) のエネルギーを放出しています。お金に換算すると、2.4 kWh×22 円≒

53円。時は金なり。

身近な家電とその電気代(1kWh = 22円で計算)

家電	消費電飾	電力量	電気代
扇風機	50 W	1時間使用すると 50 Wh	1.1円
コタツ	600 W	1時間使用すると 600 Wh	13円
液晶テレビ(40V型)	120 W	1時間使用すると 120 Wh	2.7円
デスクトップパソコン	150 W	1時間使用すると 150 Wh	3.3円
白熱電球 (明るさ810ルーメン)	60 W	1時間使用すると 60 Wh	1.3円
LED電球 (明るさ810ルーメン)	11 W	1時間使用すると 11 Wh	0.24円
トースター	1200 W	10分使用すると 200 Wh	4.4円
電子レンジ	1300 W	10分使用すると 217 Wh	4.8円

24 コンデンサーの公式
電気をためるシンプルな装置

> **公式**
> $Q = CV$
> 電気量 = 電気容量 × 電圧

　これまでに出てきた抵抗や電池など、電気回路を組むときに使う部品のことを**素子**といいます。ここでは新たな素子「**コンデンサー**」について取り上げます。コンデンサーは、次の図のように2枚の金属板を向かい合わせただけのシンプルな構造です。

コンデンサー　　　　回路図

　このコンデンサーという素子のすごいところは、こんな単純な仕組みでも電気をためることができるところです。まずはその仕組みについて見ていきましょう。

　次の図のようにコンデンサーと電池をつないで、コンデンサーに電圧をかけると、片方の金属板Aから自由電子が移動を始めます。そしてもう一方の金属板Bにたどり着くと、プラスの電気とマイナスの電気が極板を挟んで向かい合わせになります（Aはマイナスの電子が出ていったので、プラスに帯電します）。A、Bの金属板を極板といいま

す。

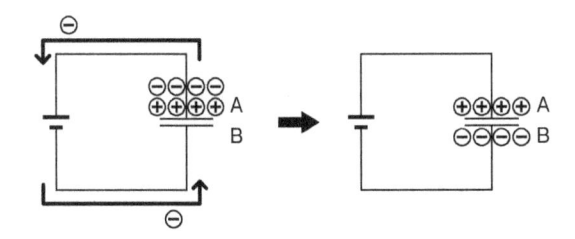

　本来であれば、マイナスの電気を持つ電子はそれぞれ反発するので、Bの極板に集まることはないのですが、電池の電圧によってむりやり1つの極板に押し込められています。またA、Bの極板の間は空間をあけて離しているため、プラスとマイナスの電荷同士で引き合うものの、お互いが出会うことはありません。コンデンサーに電荷をためるこの過程を**充電**といいます。

　充電した状態で電池をはずし、電池の代わりに豆電球などの抵抗をつなげてみます。すると次の図のように、電池の電圧による押さえつけが解けるため、極板にたまっていた電子がもとの極板に戻り始め、豆電球を電子が通ります。つまり豆電球に電流が流れ光ります。この過程を**放電**といいます。すべての電子がもとのAの極板に戻り、はじめの状態に戻ると、電流は流れなくなり、放電は終わります🅦🅦🅦24-1。

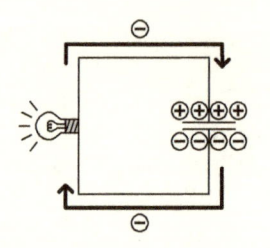

このような仕組みで、コンデンサーは電荷をためたり、放出したりすることができます。コンデンサーにたまる電荷の持つ電気の総量は、次の式で表すことができます。

$$Q = CV$$
電気量 = 電気容量 × 電圧

電圧 V が大きければ、コンデンサーの極板にはより多くの電子を押し込めることができるので、充電できる電気量 Q は大きくなります。これはわかりやすいですね。では、電気量と比例するもうひとつの電気容量 C とは何なのでしょうか。

電気容量とはコンデンサーの大きさなど、その種類によって変わる定数です。たとえばコンデンサーの極板が大きければ大きいほど、たくさんの電気をためることができるので、電気容量は大きくなります。電荷を水にたとえれば、コンデンサーはバケツ。電気容量はバケツの大きさのようなものです。バケツが大きければ、たくさんの水を入れることができます。電気容量の単位には F（ファラド）を用います。コンデンサーはパソコンの基板の中など、さまざまな電気製品で使われています。

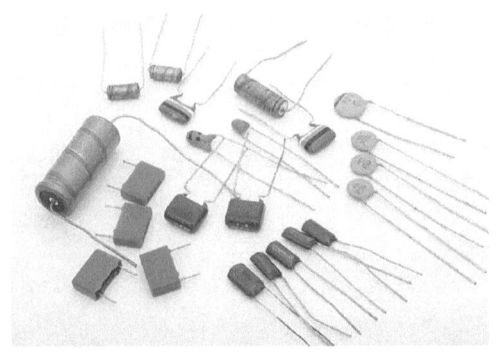

いろいろな形のコンデンサー

公式の利用

コンデンサーと「百人おどし」

　冬など空気が乾燥した日にドアノブを触ると、「バチッ」と音がして痛みをともないます。これはドアノブにたまった静電気が、ノブに触れたときに一気に放出され、体に電流が流れるためです。

　日本では江戸時代の中頃、平賀源内が静電気を発生させる装置「エレキテル」を作りました。当時はこのエレキテルを使って、人間に電流を流して驚かせる「百人おどし」という遊びが流行っていたようです。そこでアルミ箔とプラスチックコップでコンデンサーを作って、「百人おどし」を再現してみましょう。

　まずプラスチックのコップを2つ用意し、それぞれ次の図①のようにアルミ箔をコップの外側に巻きます。1つのコップには、図②のようにアルミ箔のベロをとりつけま

す。このコップが内側になるように2つのコップを重ねます。

　アルミ箔が内側のコップと外側のコップで向かい合っていますね。これでコンデンサーを作ったことになります。

　ではこのコンデンサーを充電してみましょう。下敷きをティッシュなどでこすり、マイナスの電荷をためます。そしてアルミ箔のベロの部分にその下敷きをこすりつけ、内側のアルミ箔にマイナスの電荷をためて充電します。だいたい10回くらい繰り返してください。

　電荷をためたら、何人かで手をつなぎ、輪になりましょう。先頭の人が次の図のように外側のアルミ箔の部分を持ちます。心の準備ができたら、最後尾の人がアルミ箔のベロの部分をそっと触ります。その瞬間、たまった電荷が内側のコップから輪になった人間の手を通って外側のコップへと流れるため、全員に電流が流れ、皆の体が「ビクッ！」と反応しますⓌⓌⓌ 24-2。全員が驚くので一見の価値あり。静電気の実験なので、乾燥した冬の季節に試してみてください。

ビリッ！ 感電について

　人間にも電圧を加えれば電流が流れます。人間が感じ取ることができる最小の電流は、約 1 mA（= 0.001 A）だといわれています。人体に 10 mA 以上の電流が流れると、手を放そうとしても体がビリビリとけいれんして放れなくなってしまいます（筋肉が収縮してしまいます）。また、100 mA 以上流れると心臓が小刻みに震え、血液を送り出すことができない「心室細動」という現象が起こり、非常に危険です。このことから考えると、1 A は非常に大きくて危ない電流の大きさであることがわかりますね。

25 電流の作る磁場の公式
電気と磁気の関係

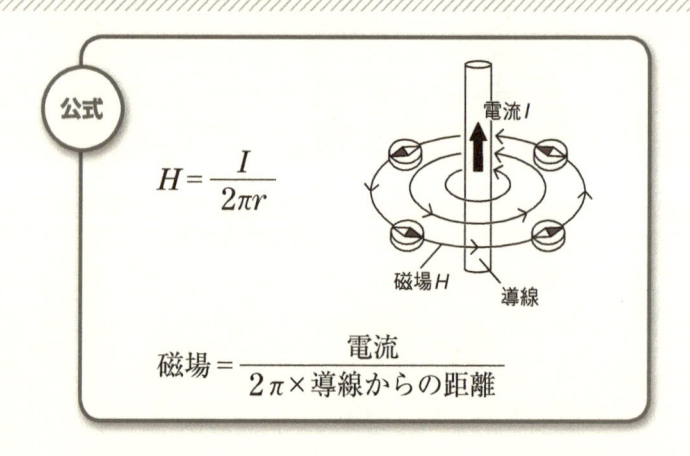

公式

$$H = \frac{I}{2\pi r}$$

電流 I
磁場 H
導線

$$磁場 = \frac{電流}{2\pi \times 導線からの距離}$$

　この公式は、電気と磁気を結びつける大切な公式です。18世紀までは、静電気力と磁石の作る磁力は何か関係があるのではないかと疑われていたものの、発見することができていませんでした。しかし1820年に、電荷が動くと、つまり電流になるとその周囲に磁力を及ぼす空間が作られることがわかりました。

　今回の公式の左辺は磁力に関係する磁場 H というものが、右辺には電流 I があり、電流と磁力の関係を示しています。また図のように、電流 I のまわりに巻き付くように磁場 H ができます。このように、電気と磁気は表裏一体の関係にあったのです。

　まずは磁力の表し方から見ていきましょう。子どもの

頃、砂場で磁石を使って遊んだことがあると思います。磁石を砂につけると、N極・S極（磁極という）に砂場の中に含まれている砂鉄がびっしりとくっついてきます。

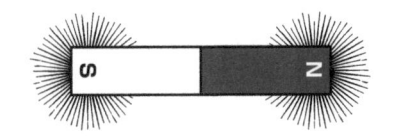

このように磁石が鉄を引きつけることは、古くから知られていました。天然の磁石はトルコのマグネシア地方でよく採取され、この不思議な石は「マグネシアの石」と呼ばれていました。これが磁石を示す「マグネット」という名前の由来になったと言われています。磁石は電気と似ており、同じ極同士を近づけると反発し、また異なる極同士は引き合います。

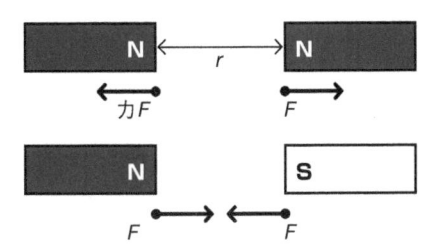

この力は静電気力と同じように、2つの磁極の距離 r の2乗に反比例し、また磁極の強さに比例します。また磁石は地球の南北を指す性質があり、これを利用したのがコンパスです。コンパスの針は小さな磁石です。

次に、棒磁石のまわりでコンパスを動かしてみてください。するとコンパスが規則性をもった方向を指すことに気

がつきます。コンパスを動かしながら、その N 極の針の向きを観察すると、N 極から出て S 極に戻るように向きます。この方向を連ねた線を**磁力線**といいます。これは棒磁石を置いたことによって、その周囲の磁石に関係する空間の性質が変化したため、コンパス（他の磁石）が力を受けたと考えられます。このことを**磁場**が生じているといいます。

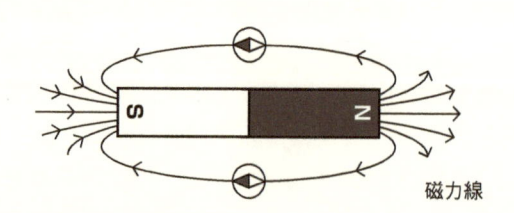

磁力線

磁石の強さは**磁気量**といい、Wb（ウェーバー）という単位を使います。電場 E と同じように、1 Wb の磁気量をもつ磁石が受ける力の大きさが、磁場 H の大きさです。磁場の単位は N/Wb を使います。

ここまで読むと、「磁力と静電気力は何か関係があるのかも」と思う人がいるかもしれません。下敷きを使って静電気を起こして、磁石やコンパスに近づけてみましょう。

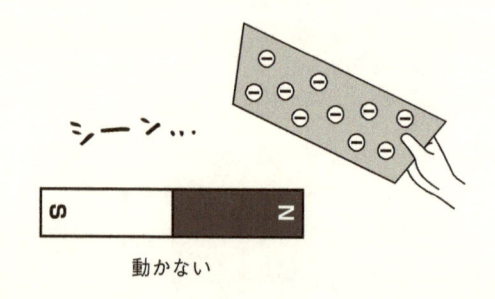

シーン…

動かない

234

25 電流の作る磁場の公式

あれ？　どちらもまったく力を受けません。このように、磁力と静電気力は互いに関係のない力です。しかし「あること」をすると、この関係は一変します。

1820年にエルステッドという科学者は、導線に電流を流すと、そばに置いたコンパスの針が、なんと南北ではなく別の方向を指すことを発見しました。静電気は磁石に影響を与えませんが、電荷をひとたび動かすと、つまり「動」電気ともいうべき電流になると、コンパス（他の磁石）に影響を与えるのです。これは電流が磁場を作りだし、コンパスに力を及ぼしたことを示しています。

直線の導線に流した電流のまわりにできる磁場を詳しく調べたところ、磁場はぐるぐると導線に巻き付いたように発生していました。このときの磁場の方向は、次の図のように右手を「Good」の形にして親指を電流の方向に向けたとき、その他の指の向きが回転する方向と同じでした。

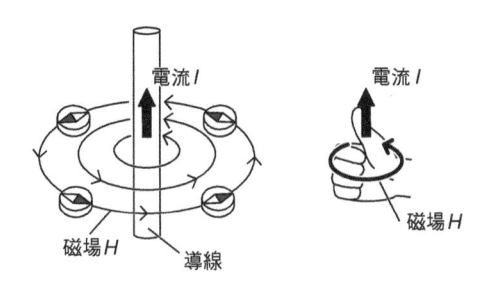

自然界の不思議な法則のひとつで、これを**右ねじの法則**といいます。この後の話で何度も登場する大切な回転方向なので、覚えておいてください。

この電流が作る磁場の大きさについて表したのが、磁場

の公式です。

$$H = \frac{I}{2\pi r}$$

$$磁場 = \frac{電流}{2\pi \times 導線からの距離}$$

磁場は流した電流の大きさに比例し、また導線に近いほど大きくなる、つまり距離に反比例します。

公式の利用

電流を操り磁石を作る

電流は磁場を作ります。スイッチを切って電流を止めると、導線のまわりの磁場は消えます。電流が作る磁場をうまく集めれば、磁石のようなものが作れそうですね。これが**電磁石**です。では、どうすれば効率よく磁場を集めることができるでしょうか。

じつは「円」が鍵になります。次の図のように導線を円形にして電流を流します。すると、その中心には非常に強い磁場が発生します。

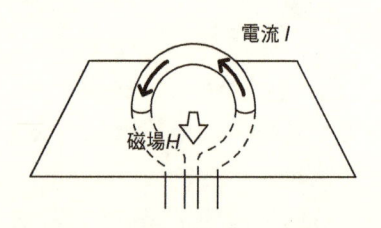

ここで、次の図のAとBの断面を考えてみます。

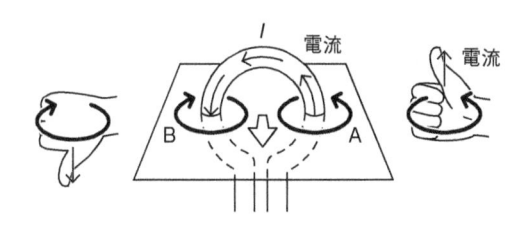

このコイルの断面Aの磁場の回転方向を、右ねじの法則を使って考えると、コイルの中心では奥から手前に磁場が作られます。またBでも同様に考えると、同じく奥から手前に磁場が作られます。円形導線のいろいろな場所で右手を使って考えてみると、中心ではやはり磁場が奥から手前に向くことがわかります。よって中心の磁場は、すべての点からの磁場が集まり強化されます。そこで円形導線をたくさん作って重ねれば、中心にはより強い磁場を作ることができそうです。それがコイルです。

コイルは、鉛筆などを芯にして導線をぐるぐると巻けば簡単にできあがります。このコイルに電流を流すと、コイルの中心には強い磁場が発生します。この中心磁場の強さは、コイルの巻数、そして流した電流に比例します。これが電磁石です。電磁石に電流を流すと、そのときだけ棒磁石とそっくりの磁場を作り出すことができます。

Part 4　電磁気

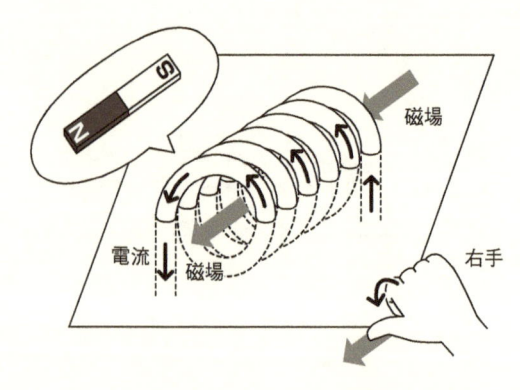

　コイルの中心磁場の向きは、右手を使うと簡単にわかります。右手を「Good」の形にして、親指以外の人差し指から小指を「コイルに流れる電流の回転方向」に合わせて曲げます。このとき親指の指した方向が中心磁場の向きを示します。ただしこの右手は、先ほどの直線導線が作る磁場（右ねじの法則）とは別の使い方なので、注意をしてください。

　電磁石はさまざまな場所で利用されています。アルミ缶とスチール缶に磁石を近づけると、鉄であるスチール缶は磁石に反応しますが、アルミ缶は反応しません。このように金属でも素材によって磁石に引きつけられるものと、そうでないものがあります。この性質を利用すれば、電磁石を用いることで、磁力を自在に操ってスチール缶とアルミ缶を分別することができます。

磁石とはそもそも何なのか？

　原子核のまわりには負の電荷を持った粒子、すなわち電

子が回っています。電流の正体は電子の流れでした。電子が回っているということは、円電流が流れているのと同じような状態だといえます。電流が流れていれば、そう、磁場ができるはずです。次の図のようなイメージです。電子の流れと電流の流れは逆向きであることに注意してください。

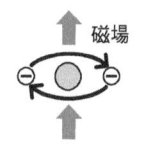

　電磁石の原理から、身の回りにある磁石がどのようにして磁場を作っているのかを原子レベルで考えたのが、アンペールという科学者の**分子電流説**です。アンペールは磁石の中にはたくさんの円電流が流れており、その向きがそろっているため磁場が生じ、外部へと磁場を放出することができるのではないかと考えました。

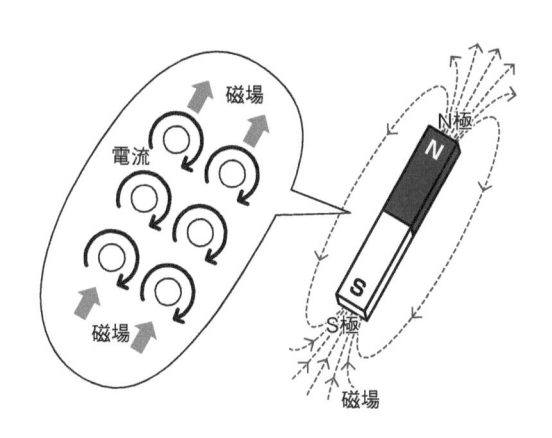

現在では磁石の原子内の電子の運動と、電子自体がコマのように回転する運動が、この円電流に対応することがわかっています。磁石はこのように、電流が流れ続けているコイルと同じように考えることができるのです。

また磁石を釘などに近づけると、その磁場により鉄の内部の磁場の方向がそろい、わずかな時間ですが磁石になります。このように磁石の性質を帯びることを**磁化**といいます。

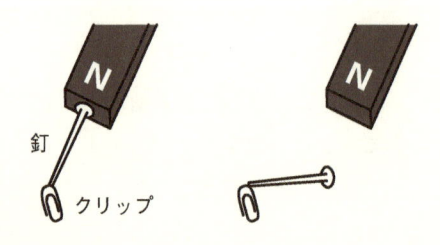

地球の磁場の原因

そもそも、なぜコンパスのN極はつねに北を指すのでしょうか。もしかして地球の北極には、S極が上向きの大きな棒磁石が埋まっているとでもいうのでしょうか。

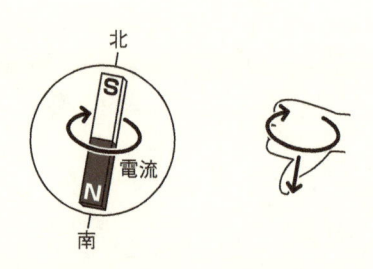

実際に棒磁石が地球に埋まっているということは、考え

にくいですよね。磁場は電流によって作られます。このことから、地球の中では図の方向に電流が流れていると考えられます。この電流の正体は、地球の内部で、鉄などの自由電子を持った溶けた金属が、地球の自転や熱対流によって回転しているためではないかと考えられています。このような考え方を**ダイナモ理論**といいます。

26 導線が磁場から受ける力の公式
電気と磁気のコラボレーション

公式

$$F = LIB$$

導線が磁場から受ける力
＝導線の長さ×電流×磁束密度

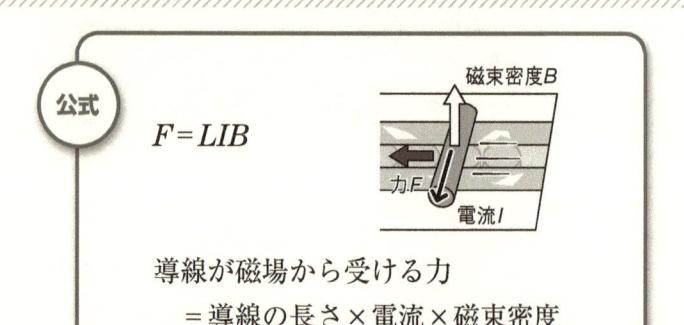

　電流と磁場は表裏一体の関係にあります。導線に電流を流すとその電流は磁場を作り、発生した磁場は近くに置いたコンパスに影響を与えます。では、あらかじめ導線の近くに強い磁石を置き（つまり強い磁場を作り）、導線に電流を流すと何が起こると思いますか。次のような実験をして確かめてみましょう。

用意するもの：
アルミ箔、磁石、下敷き、両面テープ、はさみ、乾電池

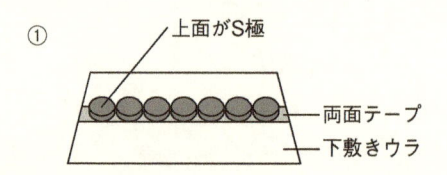

① 上面がS極／両面テープ／下敷きウラ

242

26 導線が磁場から受ける力の公式

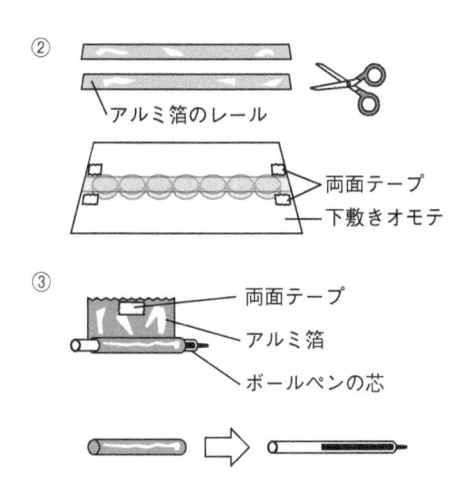

② アルミ箔のレール
両面テープ
下敷きオモテ

③ 両面テープ
アルミ箔
ボールペンの芯

①下敷きに両面テープを貼り、S極を表にして(N極が接着面につくように)磁石を貼り固定する。
②アルミ箔を幅1cmほどの帯状に2本切る。下敷きをひっくり返して、図のように磁石の両サイドを通るようにアルミ箔の帯を両面テープに貼りつける。これがレールとなる。
③ボールペンの芯などを使って直径5mm、長さ5cmくらいの円柱形のアルミ箔のパイプを作る。

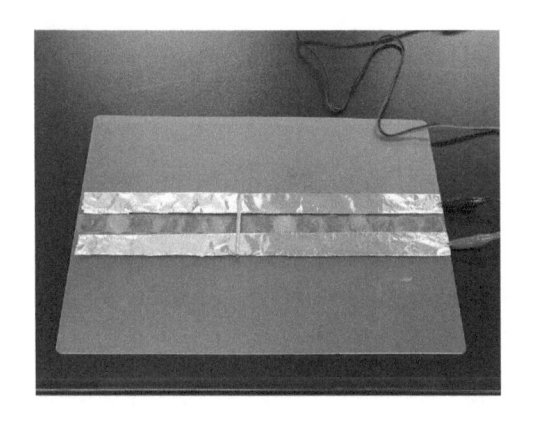

Part 4　電磁気

 これで完成です。パイプをレールの上に乗せ、図の向きで電池をレールに接続して電流を流してみましょう。電流が流れると、なんとパイプが左側に転がっていくのがわかりますⓌⓌⓌ 26-1 。

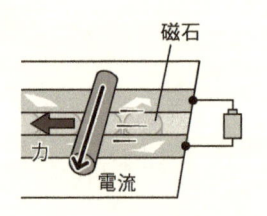

 電池の向きを逆にしたり、磁石のN極とS極をひっくり返して貼りつけると、アルミパイプは逆の右側に動きます。また磁石を取ってしまうと、いくら電流を流してもパイプは動きません。磁石があることと電流が、パイプの動く条件です。なお、アルミは磁石にはくっつかないので、このときパイプを動かす力は磁力とは違う種類の力であることがわかります。

 この現象はとても不思議なので、時間があったらぜひ実験して自分の目で確かめてみてください。電気学の世界と磁気学の世界、そして力学の世界がつながった瞬間です。生き物のようにピクッと動くため、実際に目で見なければなかなか信じられない現象です。じつはこのアルミパイプの動く仕組みは、そのままリニアモーターカーの動く仕組みと同じで、リニアモーターカーは電気と磁気の作り出すこの不思議な力を使って動いています。

 この力の向きは、電流を流した方向と磁場の方向が直交

するときにはたらき、その向きは左手を次の図のような形にして、中指を電流の流れる向きへ、人差し指を磁場の向きへ向けると、そのとき親指の指す方向になります。

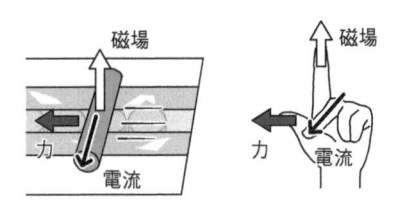

これを**フレミング左手の法則**といい、このときはたらく力を**電磁力**といいます。電磁力は3次元の関係なので、ここが少し難しいところです。左手の「中指・人差し指・親指」の順番に、「電・磁・力」とすると覚えやすいかもしれません。この向きも、右ねじの法則と同じように自然界の不思議な法則のひとつです。

次に、電磁力の公式について見ていきましょう。電磁力は、磁場の中にある導線の長さL、流した電流の強さI、そして磁石の作る磁場の強さHに比例し、次の式で表されます。

$$F = LIH\mu$$
電磁力＝導線の長さ×電流×磁場×透磁率

μ（ミュー）は**透磁率**といい、その空間の磁場の通しやすさと関係があります（空気の場合はおよそ $\mu = 4\pi \times 10^{-7}$ [H/m]）。電気と磁気、そして力の関係を考える電磁気学では、磁場Hを使わずに、μとHをひとまとめにした**磁**

Part 4 電磁気

束密度 $B(=\mu H)$ を使うと式を単純にできるため便利です。そこでこの磁束密度 B を使って、電磁力の大きさを表すと次のようになります。

$$F = LIB$$

磁束密度 B は Wb/m^2 という単位で、その中身は磁場 H に定数 μ がかかっているだけです。したがって磁束密度 B の向きは、磁場 H の向きと同じです。

では、どのような仕組みで電磁力はアルミパイプにはたらいているのでしょうか。ここで「磁力線の相互作用」という考え方について紹介します。先ほどの実験で、磁場の向きについて考えてみましょう。次の図のように、アルミパイプに流れた電流の作る磁場の向き（磁力線）は反時計回りになります（右ねじの法則）。

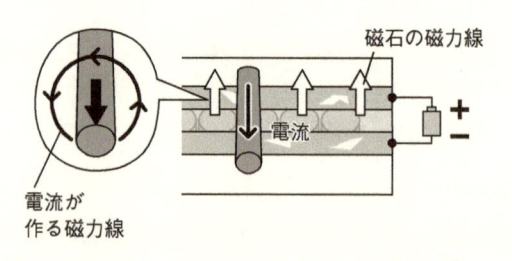

また、下に置かれた磁石からの定常的な磁力線は上向きです。よってアルミパイプの作る磁力線と、磁石の作る上向きの磁力線が重なります（次の図左）。この2つの磁力線を合成してみると、アルミパイプの右側では磁石の上向き（↑）とアルミパイプの上向き（↑）の磁力線が重な

り、強め合います。逆に左側では、磁石の上向き（↑）とアルミパイプの下向き（↓）の磁力線が上下で重なり、結果として弱め合います。これらの効果を考えて磁力線を合成すると、図右のようになります。

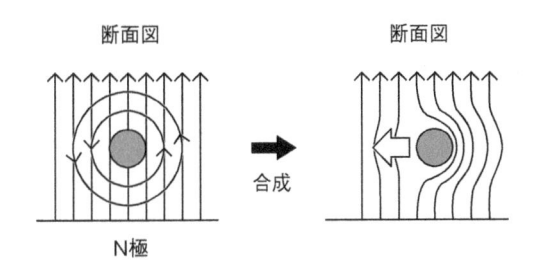

空間は磁力線の変化を嫌う性質があります。よって、この磁力線のゆがみを正そうとする方向（しわを伸ばす方向）に力がはたらき、今回の実験であれば左方向にアルミパイプが押し出されるように力を受けます。

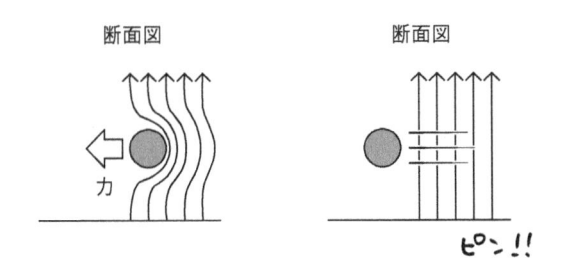

公式の利用

電子が受けるミクロな力

電流を流すとアルミパイプは動きだし、電流を流さない

とアルミパイプは静止したままでした。ということは、アルミパイプ自体が力を受けているわけではなく、アルミパイプの中に流れている電流が、つまり電荷のひとつひとつがその速度に比例した電磁力を受けていると考えられます。

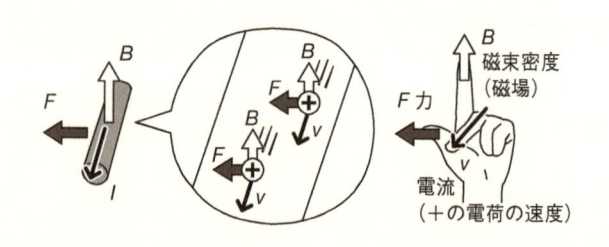

このように、電荷にはたらく小さな小さな電磁力を**ローレンツ力**といいます。ローレンツ力の大きさは次の公式で表されます。

$$F = qvB$$
ローレンツ力＝電気量×速度×磁束密度

ローレンツ力は導線が受ける電磁力のおおもとですから、向きはフレミングの左手の法則と同様です。中指はプラスの電荷の動く方向（電流の流れる方向）に向けます。

また導線の中を実際に流れているのは、マイナスの電荷を持つ電子でした。マイナスの電荷にはたらくローレンツ力は、プラスの電荷と比べて180度逆向きになります。

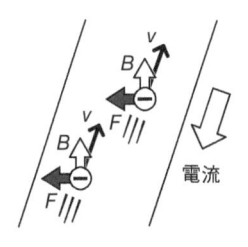

電磁力を利用したモーターの仕組み

電磁力を利用して、電気エネルギーを運動エネルギーに変える装置をモーターといいます。私たちの身近にある、回転する直流モーターについて考えてみましょう。次の図のように、磁場の中に円形にした導線（ひと巻きのコイル）を置きます。

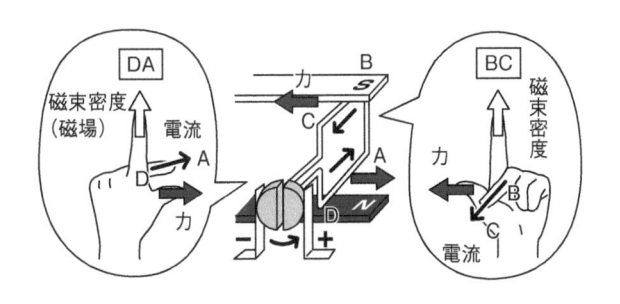

D→A→B→Cの方向にコイルに電流を流してみましょう。辺DAに注目すると、図のようにフレミング左手の法則より右側に力を受けます。また辺BCも同じように考えると、左側に力を受けます。これらの力により、コイルは反時計回りに回転し、次の図の①から②の状態になります。

Part 4　電磁気

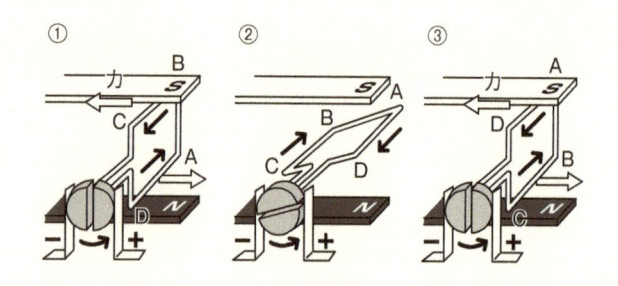

　モーターには**整流子**という装置がつけられており、図の②のようにコイルが横になったとき、電流の流れる向きが①のD→A→B→Cから逆向きのC→B→A→Dに変わるようになっています。

　そして回転の勢いによって③のようになると、辺BCはフレミング左手の法則により右側に力を、辺ADは左側に力を受け、そのことでさらにモーターは反時計回りに回転します。もし整流子がなければ、③になったときも電流の流れる向きがD→A→B→Cのままであるため、時計回りの回転力になり、モーターはブランコのように反時計回りと時計回りを半周ずつ、行ったり来たりを繰り返すだけで、回転しません。このように整流子はモーターにとって大切な装置であり、大発明であることがわかります。

　回転力の強いモーターを作るためには、コイルの巻き数を増やしたり、強力な永久磁石を用います。モーターはヘアドライヤー、掃除機、電動シェーバー、携帯電話のバイブレーション機能など、さまざまな場所で使われています。電磁力は、私たちの身近な製品技術に利用されていたのですね。

ちょっと変わったファラデーモーターを作ろう

簡単に手作りできるモーターのひとつに、クリップモーターがあります🆆🆆🆆 26-2 。クリップモーターとは、次の写真のように2つのクリップの上に渡した、直径2cmほどのコイルに、クリップを通して電流を流すことで、回転させる直流モーターです。

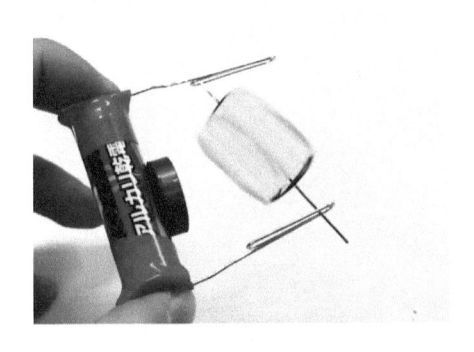

クリップモーターも面白いですが、ここではちょっと変わったファラデーモーターの作り方を紹介します。

Part 4　電磁気

用意する物：フェライト磁石5枚、アルミ箔、乾電池、画びょう

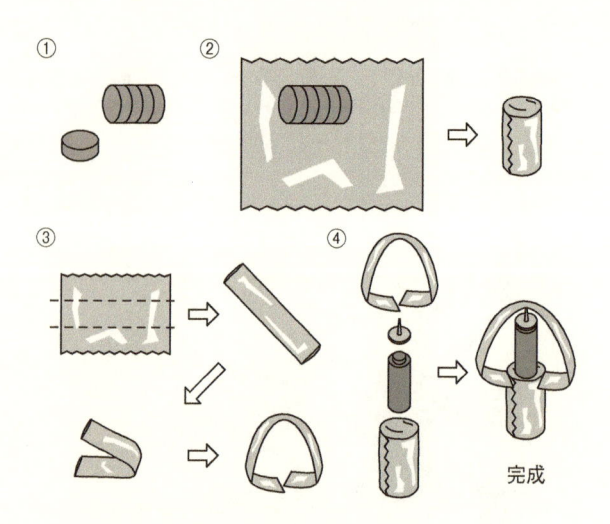

①フェライト磁石を5枚重ねます。
②アルミ箔で①の磁石を包みます。
③別のアルミ箔を幅1cmの帯状に折ります。これを半分に折り、図のように桃のような形に整えます。
④図②で作ったアルミ箔つき磁石の上に、マイナス極を下向きにして乾電池を乗せます。電池の上側、プラス極に画びょうを乗せ、最後に桃形アルミ箔の帯をバランスさせて乗せます。このとき、帯の両端が磁石を巻いたアルミ箔につくように、切ったりしながら長さを調整してください。

手を放すとあら不思議、アルミ箔の帯が回転を始めます ⓦⓦⓦ 26-3。

252

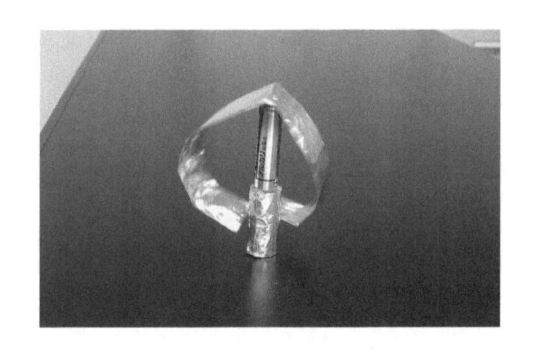

26 導線が磁場から受ける力の公式

ファラデーモーターはなぜ回るのでしょうか。ヒントは、磁石付近のアルミ箔に流れる電流と磁場にあります。左手を出して、フレミングの左手の法則で確認しながら読んでください。プラス極から流れた電流は、上部の画びょうを通って左右に分流して流れ、磁石に巻いたアルミ箔を通してマイナス極へと流れます。

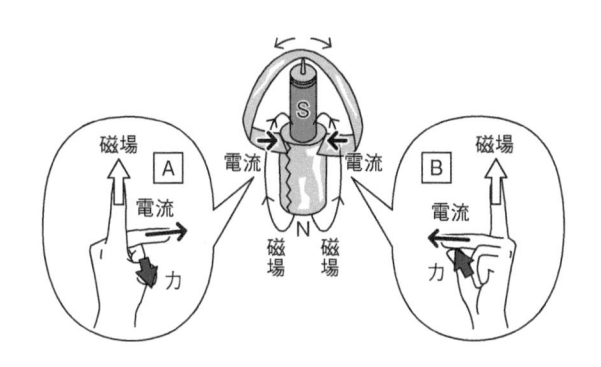

Aの場所では電流が→、磁場が↑なので、電磁力を手前に受けます。またBの場所では電流が←、磁場が↑なので、電磁力は図の奥の方に向かいます。よってアルミ箔は

Part 4　電磁気

クルクルと回るというわけです。これも電気エネルギーを回転の運動エネルギーに変えているため、立派なモーターのひとつです。これは1821年にマイケル・ファラデーという科学者が発明した最初のモーターです。

電流1Aの定義と電磁気学の単位

電磁気学は、
・歴史的な経緯からプラスの電気が基本となっていること
・物理量の種類が多いこと
・3次元で考えていく必要があること
などが難しく感じられるところです。

また、kやμなど比例定数の多さも、頭が混乱してしまう原因のひとつです。これは、力学のニュートン単位をもとにして、電磁気学の単位が決められていることと関係しています。ここでは1Aの定義から、力学の単位と電磁気学の単位がどのように関係しているのかについて見ていきましょう。

力学に戻って、力の定義式から確認してみましょう。加速度aは力Fに比例し、質量mに反比例することから、運動方程式は次のように表すことができます。

$$F = kma$$

ここでkは単なる比例定数で、力の単位を決めるための帳尻合わせのものと考えてください。力学では力の単位としてN（ニュートン）という単位を作り、1kgの物体（$m=1$）を1m/s^{2}の加速度（$a=1$）で動かすときに必要な力

の大きさを1Nと決めて、kを1にしてしまったのです。

$$F = k \quad m \quad a$$
$$\uparrow \quad \downarrow \quad \uparrow \quad \uparrow$$
$$1\,\text{N} \quad 1 \quad 1\,\text{kg} \quad 1\,\text{m/s}^2$$

⬇

$$F = m \quad a$$
$$[\text{N}] \quad [\text{kg}] \quad [\text{m/s}^2]$$

式が単純になって便利だから、という都合でそう決めたのです。ですから、力の単位は別にNを使わなくても、他の公式から決めてもかまいません。たとえば万有引力でも決められます。

$$F = G\frac{Mm}{r^2}$$

この式で質量1kgの物体2個を1m離して置いたときにはたらく力を1BI（Banyu Inryoku）と仮に決めたとすると、比例定数Gは1になります。もちろん、このBIという単位は筆者が勝手に考えた単位なので、高校物理では使われていません。しかし皆が賛成すれば、この力の単位BIをもとに他の単位を作ってもかまわないわけです。

物理学は運動方程式をもとに、力の単位Nを決め、そこから圧力（N/m^2）などさまざまな単位を決めています。そのような理由から、万有引力定数Gは1というキリのよい数字にはならず、ニュートン単位に合わせたおよそ$6.67 \times 10^{-11}\,\text{Nm}^2/\text{kg}^2$という、中途半端な数字になってい

るわけです。

電磁気学でも、このニュートン単位をもとにして定数の値は決められています。第21項で、電流1Aとは、導線のある断面を1秒間あたり+1Cの電気量が流れるときの電流（$I=Q/t$）である、と説明しました。しかしじつは、正式な1Aの定義は次のように決められています。

図のように2本の導線に電流を流すと、それぞれの導線が磁場を作り、お互いの導線に影響を与え引き合います。

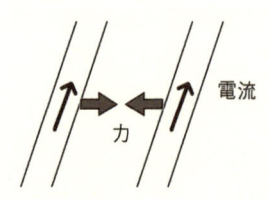

なぜ引力がはたらくのかというと、次の図のようになるからです。

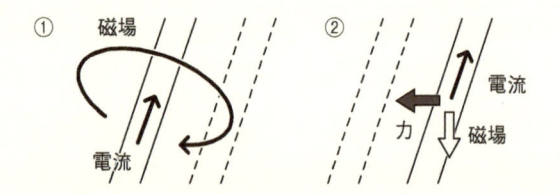

①左側の導線が作る磁場の向きは、右ねじの法則により時計回りになります。右側の導線には下向きの磁場がつらぬきます。
②この磁場によって、フレミング左手の法則から、右側の導線は左向きに電磁力を受けます。

逆もまたしかりで、左側の導線は右側の導線の磁場によ

って、同様に考えていくと右に力を受けます。ちなみに、これらの2つの力は作用反作用の関係にあります。電流1Aとはこの「1m間隔で置かれた2本の導線の引力が導線1mあたりピッタリ2×10^{-7}Nであるときの電流の大きさ」、というのが正式な定義です。

　つまり、1Aはニュートン単位をもとに決められています。なぜ、2×10^{-7}Nという小さな数字にしたのか、という疑問がわくと思いますが、これは昔使われていた電流の単位と大きくずれないようにするためです。この電流の定義をもとにして、透磁率 μ などの比例定数の大きさは決められています。

27 電磁誘導の公式
逆の発想で発電ができる

公式
$$V = -N\frac{\Delta\phi}{\Delta t}$$

電磁誘導で発生する電圧
＝巻き数 × 磁束の変化

　導線に電流を流すと、そのまわりに磁場（磁束密度）が作られます。また導線をコイルにして電流を流すと、その中心には強い磁場ができました。つまり電流は磁場を生み出します。

　　　電流（電荷の動き）　→　磁場を作る！

　ここで気づく人がいるかもしれません。「逆に磁場が電流を生み出すことはないのだろうか？」

　　　　磁場　→　電流を作る？

　もしそうであるなら、磁石を使えば電流を生み出すことができる、つまり発電することができるということになります。本当にそんなことができるのでしょうか？
　導線と磁石を使って、実験をして確かめてみましょう。まず導線を直径3〜5cm程度のコイル状に50回程度巻きます。ラップの芯などを使うとちょうど手頃な太さで

す。そして次の図のように、コイルと検流計（もしくはテスター）をつなぎます。これで完成です。では、棒磁石をコイルの前に置いてみましょう。電流は流れるのでしょうか？

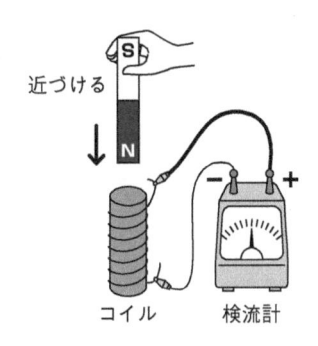

近づける

コイル　　検流計

う〜ん、残念ながら検流計の針は動きません。予想は間違っていたのでしょうか。では、磁石を図の状態から上下に動かして、コイルの中に入れたり出したりしてみてください。なんと、検流計の針が左右に動き始めます。これは、導線に電流が流れていることを示しています。磁石の動きを止めると、電流も止まってしまいます。

このように、磁石を近づけたり遠ざけたりしてコイルを貫く磁場が変化すると、コイルに電流が流れます www 27-1。電流（動いた電荷）が磁場を作るのと同じように、磁石が動いて磁場が変化すると、電流が流れます。

Part 4　電磁気

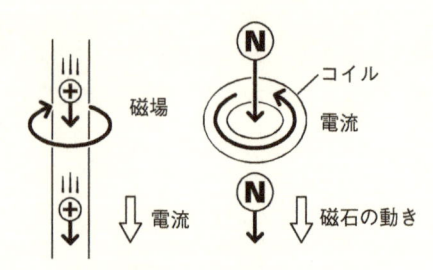

電流→磁場発生　　磁石の動き→電流発生

　この現象は、電流が磁場の変化によって流れることから**電磁誘導**といいます。また、電磁誘導によって流れる電流を**誘導電流**といい、その方向には規則性があります。たとえば次の図のようにN極を下にしてコイルに近づけると、コイルには反時計回りに電流が流れます。

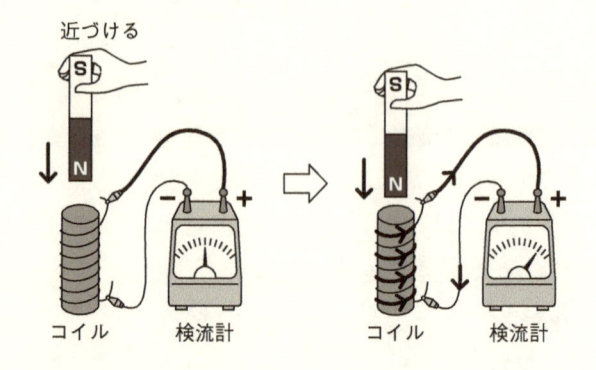

　次にN極をコイルから遠ざけると、電流は逆の時計回りに流れます。この規則性はどのように考えればよいのでしょうか。ここで、電磁誘導の方向や大きさを考えるときに便利な**磁束**という物理量を紹介します。この磁束から電

27 電磁誘導の公式

流の流れる方向について考えてみましょう。

磁束は磁力線を束ねた物理量で、磁力線と同じように、磁石のN極からS極へ向かってわきだします。また磁場が強い場所ほど、磁束の本数は多くなるように描きます。よって磁石では、N極やS極などの磁場Hの強いところでは磁束の本数は多くなり、磁束の密度（磁束密度Bという）が大きくなります。磁束密度や磁束は、目に見えない磁場の世界を表現する方法のひとつです。

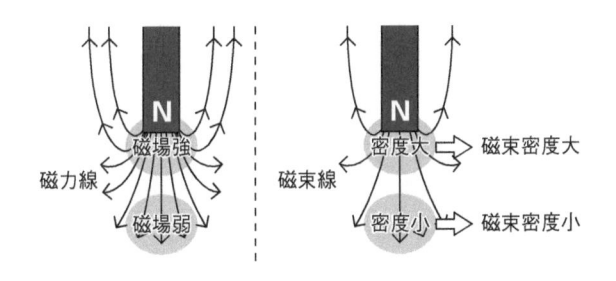

コイルは、自分自身を貫く磁束を一定に保とうとする性質を持っています。先ほどの実験では、N極をコイルに近づけたとき、コイルを貫く↓向きの磁束が増加し、電流は反時計回りに流れました（①）。

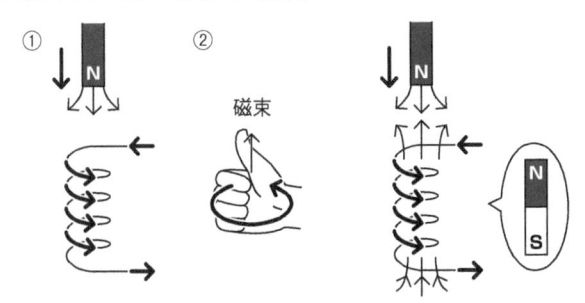

Part 4　電磁気

　なぜ反時計回りになるかというと、コイルは外部（棒磁石）からコイルを貫く「↓向きの磁束」が増加すると、コイルの磁場（磁束密度）を一定に保とうとする性質から逆向きの「↑向きの磁束」を作り出し、「↓向きの磁束」の増加を食い止めようとします。↑向きの磁場を作り出すために反時計回りの電流が生じるというわけです（②）。

　このようにコイルに電流を反時計回りに流すことによって、外部からの磁束の変化を打ち消すような磁束を作り出していたのです。また別の見方をすれば、コイルの上部が電磁石のN極になるため、外部からN極の棒磁石が近づくのに対して、N極で反発していると考えることもできます。

　次に、磁石のN極をコイルの中で静止させてみましょう。検流計の針は動かず電流は流れません。これはコイルを貫く磁束の変化が止まったからです。コイルには下向きの磁束が貫いていますが、下向きの磁束の量は磁石を静止させると変化しないため、コイルは電流を流す必要がないのです。

　N極を遠ざける場合も考えてみます。なぜ時計回りに電流が流れるのでしょうか（①）。

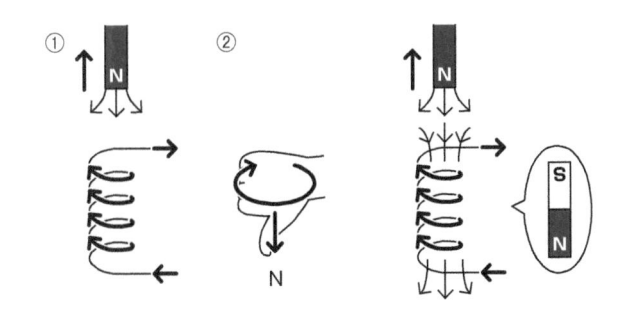

N極を遠ざけると、「↓向きの磁束」が減っていきます。コイルは磁束を一定に保とうとする性質のため、磁束の変化を嫌います。したがって、減ることも嫌います。本当にわがままですね。右手を使って誘導電流の回転方向を考えると、↓向きの磁場を作り出し、自ら補おうとしていることがわかります（②）。

　別の視点で見ると、コイルの上部がS極になるということであり、棒磁石のN極が離れるのを引きつけてとどまらせようとしていると考えることもできます。

　このように磁石の動きにあわせて、コイルには誘導電流が流れます。誘導電流を流しているのはコイルですから、コイル自身に電圧が発生しているのです。

　まるで電池のようですね。誘導電流は、外部からの磁束の変化を打ち消すような向きに生じます。これを「レンツの法則」といいます。電磁誘導によってコイルに生じる電圧を誘導起電力といいます。その大きさは次の式で表すことができます。

$$V = -N\frac{\Delta \phi}{\Delta t}$$

誘導起電力＝コイルの巻き数×磁束の時間変化

ϕ は磁束を、Δ（デルタ）は変化量を示します。$\Delta \phi$ で1つの意味を持ち、「磁束 ϕ の変化」を表します。したがって、$\Delta \phi / \Delta t$ は磁束の時間変化を意味します。またマイナスは「磁束の変化を妨げる向き」という意味を持ちます。

つまりこの公式は、磁石を速く動かしてコイルを貫く磁束が大きく変化をすると（$\Delta \phi / \Delta t$ が大きくなると）、コイルには大きな誘導起電力 V が発生する、ということを示しているのです。N はコイルの巻き数で、巻き数が多いほど誘導起電力が大きくなります。これを**ファラデーの電磁誘導の法則**といいます。

また、コイルに意思があり磁束の変化を嫌っているのではなく、じつは私たちのいるこの空間そのものに磁場を一定に保とうとする性質があります。

公式の利用

交流電流はどのように作られているのか

電磁誘導の法則は、コイルと永久磁石を用いれば電流を流すことができる、発電ができる、ということを示しています。私たちが身近に使っている交流電流の発電方法について見てみましょう。

電池のように、プラス極からマイナス極へと一方向に向

かって流れる電流のことを**直流**といいます。対して、電流の向きが時間とともに周期的に変化する電流のことを**交流**といいます。

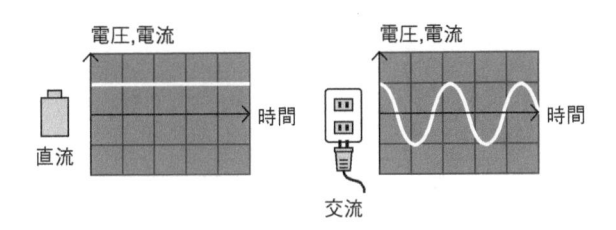

交流の発電機は、モーターとそっくりの構造をしています。コイルの下に磁石を置き、空間に磁束を発生させます。モーターの場合はこのコイルに電流を流しましたが、発電機の場合はその逆で、外部から力を加えてコイルを強制的に回転させます。すると、なんとコイルに交流の電流が流れます。右手を出して、この交流がどのように生じるのか考えてみましょう。

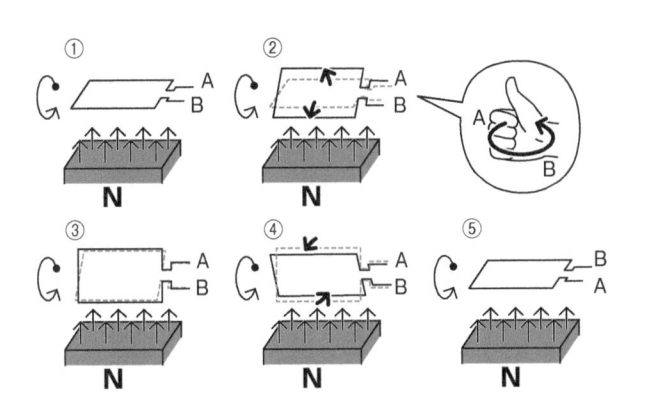

コイルを回転させると、コイルを貫く磁束が変化します。図①ではコイルを貫く磁束は↑向きで最大になっています。①から②にかけてコイルを回転させていくと、コイルを貫く↑向きの磁束が少しずつ減っていきます。このとき、コイルはその性質から上向きの磁束をみずから補おうとします。右手を使って考えると、反時計回りの回転になり、この方向（AからB）に電流が流れます。

③になると、コイルの面が磁束と同じ向きになり、コイルを貫く磁束はゼロになります。そしてコイルをさらに回転して③から④にすると、こんどはコイルを貫く↑向きの磁束が増え始めます。コイルはその性質からこの↑向きの磁束を減らすように、AからBへと反時計回りに電流が流れ、下向きの磁束を作ります（右手の親指を下に向けてください）。

こうして⑤の状態になると、①の状態とA、Bが逆転していることがわかります。このまま回転を続けると同じことが起こり、こんどはBからAに向かって電流が流れ始めます。まとめると次の図のように、時間とともに電流の流れる向きが変わる交流電流になります。

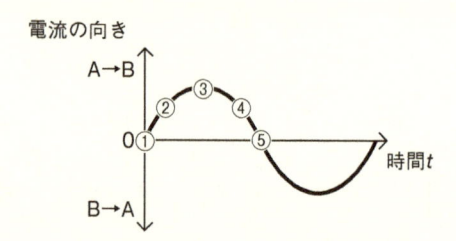

このように、磁石のそばでコイルを強制的に回転させると、電流の向きがコロコロと変化する交流電流を発電することができます。発電所では火力にせよ、水力にせよ、原子力にせよ、エネルギー源が違うだけで、大きなコイルを磁束の貫く空間の中で回転させ、交流電流を発電しています。

発電機とモーターを使いこなす車

　発電機とモーターは同じ仕組みなので、実際に電池の代わりにモーターに電球をつなぎ、モーターの軸を勢いよく回転させると、なんと電球が光ります🌐🌐🌐 27-2。

　ハイブリッドカーは、ガソリンエンジンとモーターを車に積んでいます。ガソリンエンジンのみの自動車は、ブレーキをかけて止まるときに、車の持つ運動エネルギーは摩擦熱（熱エネルギー）となって大気中に拡散していってしまいます。せっかくのエネルギーがもったいないですね。

　そこでハイブリッドカーでは、ブレーキをかけるときに発電機（モーター）を回すことで、運動エネルギーの一部を使って発電し、電気エネルギーをバッテリーにためます。そして再び発進するときに、たまった電気エネルギーを利用してモーターを回します（ある程度速度がつくと、モーターからエンジンに動力を変化させます）。このような仕組みで、今までブレーキをかけたときに外に捨てていたエネルギーを再利用しているので、燃費がよくなります。これを回生ブレーキといいます。回生ブレーキは、鉄道やエレベーターでも利用されています。

Part 4　電磁気

誘導電流を使った渦電流ブレーキ

　アルミ箔の上や台所のステンレス板の上など、磁力がはたらかない金属板の上で永久磁石をすべらせてみましょう。お互い磁力がはたらいていないのに、なぜか磁石はまるでブレーキがかかったようにすぐに止まってしまいます。なぜこのようなことが起こるのでしょうか。

　次の図のように、N極を下向きにして金属板の上をすべらせたときを考えてみましょう。磁石の前方では、N極が近づくので下向きの磁束が増加します（①）。すると金属板には反時計回りに電流が流れ、上向きの磁束を作って打ち消そうとします（②）。また後方では、N極が遠ざかるので下向きの磁束が減ります。そのため金属板には時計回りに電流が流れ、下向きの磁束を作って補おうとします。このときに流れた誘導電流は渦を巻くように流れるので、**渦電流**と呼ばれています。

　この渦電流によって、金属板の前方はN極が表面に現れ、磁石のN極と反発します。また後方はS極が表面に現れ、磁石のN極を引きつけようとします（③）。このため磁石には磁力による抵抗力がはたらき、すぐに止まってしまうのです。

　これを利用したのが「渦電流ブレーキ」です。金属製の鍋の蓋を机の上で回してみてください。たいてい1分くらいはクルクルと回り続けます。次に回っている状態で、ネオジウム磁石などの強い磁石を近づけてみましょう。磁石を近づけると、回転がみるみる遅くなり、ほどなくして止まってしまいます🌐27-3。これは鍋の蓋の中に渦電流

① 下向きの磁束が減る　磁束　下向きの磁束が増える

② S N 電流　電流 N S

③

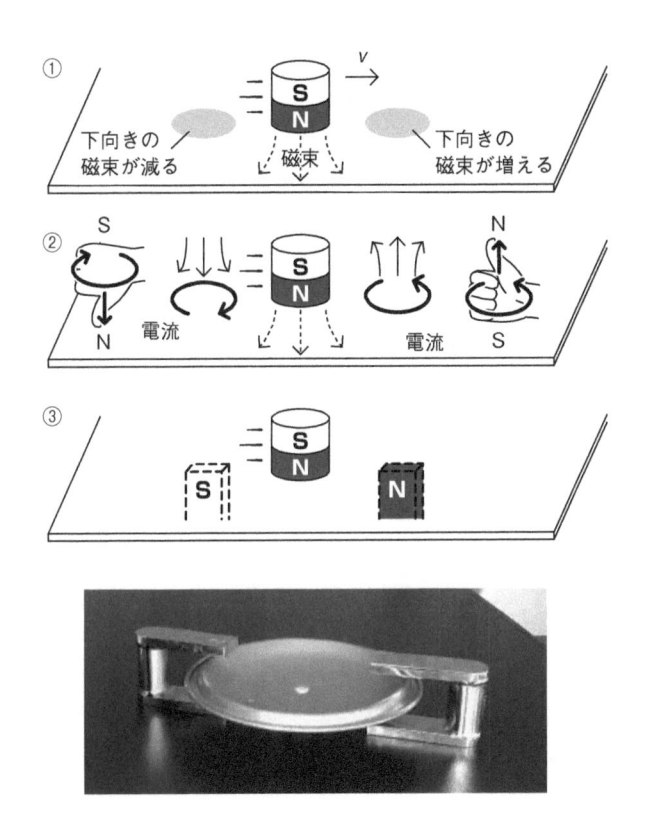

が発生し、そのことによって鍋蓋にブレーキがかかるためです。

　これが渦電流ブレーキです。大型トラックやバス、新幹線などの補助ブレーキ装置として使われています。車輪に直接触れて回転を止めるわけではないため、摩擦によってブレーキがすり減ってしまわないところが渦電流ブレーキのメリットです。

28 変圧の公式
交流電流を使う大きなメリット

公式

$V_1 : V_2 = N_1 : N_2$

コイル1の電圧(入力) : コイル2の電圧(出力)
＝コイル1の巻き数 : コイル2の巻き数

　エナメル線などの被覆した導線をリング形の鉄（鉄芯）に巻きつけ、巻き数が違うコイルを2つ作ります。コイル1に交流電源を、コイル2には豆電球をつけると、2つの導線は接続していないのに、なんと豆電球が光り始めます。導線は被覆によって絶縁されているため、鉄芯には電流は流れていません。いったいなぜ光るのでしょうか。

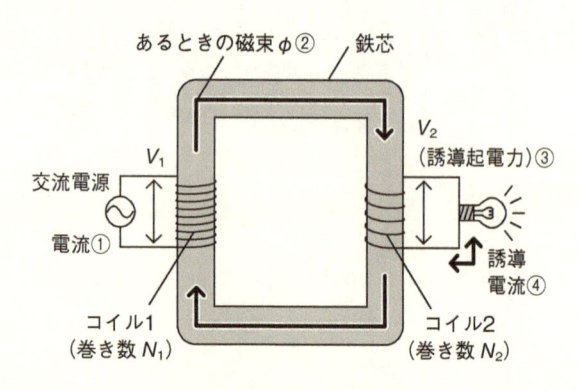

図：
- あるときの磁束φ②
- 鉄芯
- 交流電源 V_1
- 電流①
- コイル1（巻き数 N_1）
- V_2（誘導起電力）③
- 誘導電流④
- コイル2（巻き数 N_2）

　コイル1に交流電流を流すと電磁石になりますが（①）、電流の向きはコロコロと変化するので、上下に変化する磁

束ができます（②）。この磁束は鉄芯を伝わって、コイル2に到達します。鉄芯は、じつは発生した磁束がコイル2に伝わりやすくする等の理由でつけられています。もし鉄芯がないと、発生した磁束の多くが空間に逃げてしまうからです。

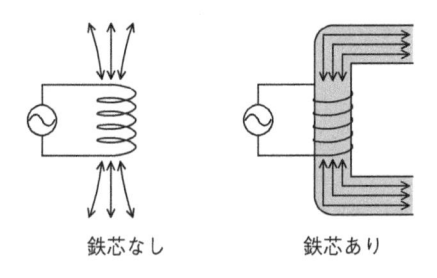

鉄芯なし　　　　鉄芯あり

コイル2には、コイル1からやってくる変化する磁束が貫くので、この磁束を打ち消す向きに誘導起電力が発生し（③）、交流電源になります。よってコイル2に誘導電流が流れ、豆電球は光るというわけです（④）。

このときコイル1に加える電圧を V_1、コイル2で誘導される（出力される）電圧を V_2、コイル1の巻き数を N_1、コイル2の巻き数を N_2 とすると、両コイルを貫く磁束の時間変化 $\left(\dfrac{\Delta\phi}{\Delta t}\right)$ が共通なので、電圧の大きさはそれぞれ次のように表すことができます。

$$V_1 = N_1 \frac{\Delta\phi}{\Delta t}$$

$$V_2 = N_2 \frac{\Delta\phi}{\Delta t}$$

この式から$\frac{\Delta \phi}{\Delta t}$を消去すると、

$$\frac{V_1}{V_2} = \frac{N_1}{N_2}$$

つまり、

$$V_1 : V_2 = N_1 : N_2$$

となります。このことから、2つのコイルの巻き数の比を変化させることによって、出力させる電圧V_2を自由に操作することができます。これが**変圧器**の仕組みです。

交流電流はこのように、変圧器を使うと電圧を自由に変えることができるのが大きなメリットです。もし乾電池などを使って直流電流をコイルに流しても、こうはなりません。直流では流れる電流が一定で変化しないため、コイル1から発生する磁束も変化しません。したがって、もう一方のコイル2に電磁誘導は起こらず、電流が流れないのです。

公式の利用

身の回りの変圧器

家の近くにある電柱の上部をよく見てみましょう。バケツのようなものが乗っかっていませんか。

28 変圧の公式

　この中には変圧器が入っています。またラジオなどの家電のACアダプターにも変圧器が入っています。たとえば次の写真のACアダプターの場合、交流（AC）100Vを直流（DC）9Vまで電圧を下げることができると書かれています。

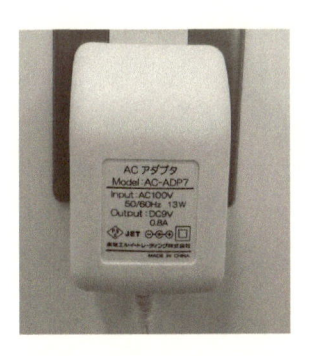

　発電所から家庭に届く電気は、ジュール熱によるエネルギーの損失をできるだけ防ぎたいので、15万Vなどの高電圧で送られています。そして都市部に近づくと変電所で電圧が少しずつ下げられ、家庭に届く際は、電柱の変圧器

で100Vまで調整されています。

ちなみに家庭用のコンセントには、関東以東の東日本では電圧が100Vで周波数が50Hzの電源、中部以西の西日本では電圧が100Vで周波数が60Hzの電源が供給されています。ここでいう周波数とは、1秒間に交流電圧の方向が何回変わるかを表し、50Hzであれば1秒間に50回電流の方向が変わるという意味です。この周波数の違いは、明治時代にドイツ製の50Hz発電機が関東に、アメリカ製の60Hz発電機が関西に輸入されたことによります。

手作り変圧器の工作

変圧器はシンプルな構造なので、実際に手作りすることができます。3Vの電圧で光るLED電球を用意します。このLED電球に単3乾電池1個をつなげても、電池1個の電圧は1.5Vなので光りません。そこで巻き数の違う2つのコイルを使って変圧器を工作し、なんとか電池1個でLEDを光らせてみましょう。

まず1mと2mの導線（エナメル線など）を用意します。その導線を釘に重ねて巻いていきます。はじめに1mの導線を巻き付け（①）、その上に2mの導線をぐるぐると巻きつけます（②）。

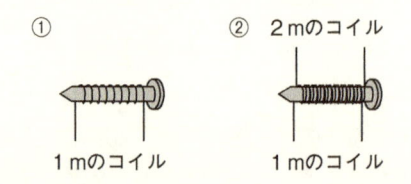

28 変圧の公式

なぜ長さを変えて巻きつけるかというと、入力する1.5Vの乾電池の電圧を2倍の3Vまで高めるためには、変圧の公式により巻き数の比を2倍にする必要があるからです。

$$V_1 : V_2 = N_1 : N_2$$
$$1.5(入力) : 3(出力) = 1 : 2$$

これで完成です。導線の長さ1mのコイルと電池をつなぐ用意をして、導線の長さ2mのコイルとLEDをつなぎます。ここでいよいよ導線の長さ1mのコイルに電池を接続しますが、たんにつないでもLEDは光りません。電磁誘導の特徴は「磁束の変化」にあるので、1mのコイルに流れる電流を変化させる必要があります。そこでコイルの導線を電池につけたり、離したりを繰り返します。すると回路に流れる電流が流れたり、止まったりと変化するため、誘導起電力が2mのコイルに発生し、LEDはチカチカと瞬間的に光ります🅦🅦🅦 28-1。

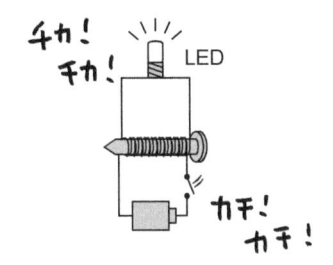

なお、電池と導線を長くつけすぎていると、抵抗が小さい導線に大電流が流れてエナメル線が熱くなるので注意が

Part 4　電磁気

必要です。短い時間でササッとつけたりはずしたりしましょう。

ICカード乗車券はなぜ電池がなくても動くのか

　私たちがよく利用するものに、Suica（スイカ）やICOCA（イコカ）など、鉄道の改札口で使う非接触型のICカードがあります。これらは銀行などで使っている接触型のカードと違い、財布から出さず、改札機にかざすだけでお金などの情報のやりとりができます。しかも、このカードには電池が入っていません。いったいどのようにして、データをやりとりしているのでしょうか。

　じつは非接触型ICカードの中には、コイルが組み込まれています。このコイルが電池の役割をしているのです。

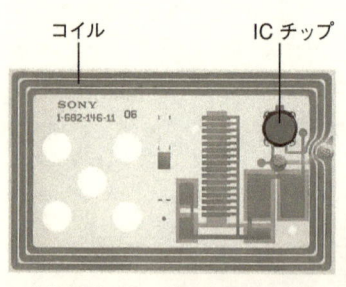

非接触型ICカードの表面をはがすと、内部にコイルとICチップが埋め込まれているのがわかる

　改札機のカードをかざす部分にもコイルが組み込まれており、改札機から磁束が出ています。そこにICカードをかざすと、カードに内蔵されたコイルを磁束が貫き、誘導起

電力が発生して回路に誘導電流が流れます。この電流によって、瞬間的にカード内部のICチップが作動し、乗車駅の情報や残高などのデータを無線通信で改札機とやりとりするわけです。電磁誘導は、こんなに身近なところにも使われていたのですね。

おわりに

　この春、生徒を連れて昔ながらの豆腐屋に行き、豆腐の作り方を見学しました。大豆を潰す機械のスイッチを押すと、グワングワンと大きな音をたてて動きだしました。電流がモーターに流れ、モーターの回転が複数の歯車やベルトを通して伝わり、大きなローラーが回ります。そこに流し込まれた大豆から、豆乳とおからが分離されていきます。私はポタポタと落ちる豆乳を見ながら、生徒といっしょに感動していました。物理はこんなにも身近なところにあります。

　本書をお読みいただけるとわかるように、物理は決して難しくて理解できないものではありません。とても面白いものです。本書が物理の世界に足を踏み入れるきっかけとなりましたら、これほどうれしいことはありません。

　本書は私の授業ノートを引っ張りだし、2年間を費やして書きました。私一人で書き上げたものではなく、多くの方に助けられて完成しました。ナリカサイエンスアカデミーで講師をしている小森栄治先生には、クリップモーターの工夫など、さまざまな実験を教えていただきました。桜美林

大学の森厚先生は、ファラデーモーターと出会うきっかけを与えてくださいました。また講談社の篠木和久氏には何度も打ち合わせをして、丁寧に本書の編集を手がけていただきました。そして毎日素朴な疑問を投げかけてくれた、共立女子中学高等学校の生徒たちのおかげで、語りかけるようなわかりやすい表現になりました。ここに謝意を表します。

　豆腐の話に戻ります。職人が豆乳に「にがり」を入れたとたん、サラサラだった豆乳が固まり、おぼろ豆腐になりました。おもわず「おお」と声を出してしまいました。この現象は化学の守備範囲です。姉妹本として同時に刊行される『大人のための高校化学復習帳』は、私の親友の化学教師、竹田淳一郎先生が書いています。本書といっしょに手にとって、高校理科を思い出していただければ幸いです。

　最後までお読みくださいまして、本当にありがとうございました。

桑子　研

参考文献

『気楽に物理』横川淳、ベレ出版

『物理基礎』三浦登 他、東京書籍

『物理』三浦登 他、東京書籍

『ぶつりの1・2・3 誰でも解ける！ センター物理「力学」の3ステップ解法』桑子研、ソフトバンククリエイティブ

『これが物理学だ！ マサチューセッツ工科大学「感動」講義』ウォルター・ルーウィン、東江一紀訳、文藝春秋

『ピタゴラ装置 DVDブック1』佐藤雅彦監修、小学館

『大科学実験 DVD-Book リンゴは動きたくない!?』小学館

『空想科学読本3(空想科学文庫)』柳田理科雄、メディアファクトリー

『恋する天才科学者』内田麻理香、講談社

『子どもが理科に夢中になる授業』小森栄治、学芸みらい社

『川勝先生の物理授業〈下巻〉電磁気・原子物理編』川勝博、海鳴社

さくいん

〈アルファベット〉

A　205
ACアダプター　273
C　189
℃　115
cal　125
F　228
G（万有引力定数）　106
hPa　60
Hz　147
J　78
K　116
k（クーロン定数）　189
kWh　224
N　16
Pa　59
SI　43
V　200
v-tグラフ　36
W　83, 220
Wb　234
μ（透磁率）　245
ρ（線密度）　159
ρ（抵抗率）　217
Ω　208

〈あ行〉

アース　192
圧力　59
アリストテレス　21
アンペア　205
アンペール　239
位置エネルギー　79
位置の公式　39
ウェーバー　234
渦電流　268
腕の長さ　69
運動エネルギー　79
運動の法則　21
運動方程式　15
運動量　95
運動量保存の法則　100
エネルギー　77
エネルギー保存の法則　89
エレキテル　229
遠隔作用の力　27
遠心力　57
オーム　208
オームの法則　209
音　149
温度　115
音波　150

〈か行〉

回生ブレーキ　267
外力　88
回路　206
重ね合わせの原理　156
可視光　151
加速度　15
可聴域　150
雷　201
ガリレイ，ガリレオ　21

カロリー　125
慣性　19
慣性航法　39
慣性の法則　21
慣性力　45
気圧　60
気化熱　123
キャベンディッシュ　109
虚像　183
キロワット時　224
近接作用の力　28
クーロン　189
クーロン定数　189
クーロン力　187
組立単位　43
クリップモーター　251
ケプラー　106
ケルビン　116
向心力　54
合成抵抗　213
合成波　155
交流　265
国際単位系　43
固定端反射　157
コンデンサー　226

〈さ行〉

作用反作用の法則　21
作用力　22
磁化　240
磁極　233
磁気量　234
仕事　78
仕事率　83
磁束　260

磁束密度　245, 261
実像　176
質量　15
磁場　234
周期　147
自由端反射　157
充電　227
自由電子　204
重力　16, 24
重力加速度　24
ジュール（人名）　221
ジュール（単位）　78
ジュール熱　221
焦点　175
磁力線　234
振動数　147
振幅　147
水圧　66
垂直抗力　16
スカラー量　31
スリンキー　143
静電気　187
静電気力　187
整流子　250
絶対温度　117
セルシウス温度　115
潜熱　123
線密度　159
速度の公式　39
素子　226

〈た行〉

大気圧　60
帯電　188
帯電体　194

ダイナモ理論　241
縦波　149
力　15
力の合成　32
力のつり合い　18
張力　29, 54, 159
直流　265
直列接続　211
抵抗　208
抵抗値　208
抵抗率　217
定常波　158
電圧　207
電位　198
電荷　189
電界　194
電気エネルギー　207, 219
電気量　189
電磁石　236
電磁波　151
電磁誘導　260
電磁力　245
電場　194
電流　204
電力　220
電力量　219
等加速度運動　34, 37
透磁率　245
等速度運動　19, 37
ドップラー効果　164
凸レンズ　175

〈な行〉

内部エネルギー　133
入射波　157

ニュートン（人名）　20, 112
ニュートン（単位）　16
熱運動　116
熱効率　136
熱素説　120
熱膨張　129
熱力学第1法則　134
熱力学第2法則　137
熱量　117
熱量保存の法則　124

〈は行〉

場　107
媒質　146
バイメタル　130
パスカル　59
波長　147
反作用力　22
反射波　157
万有引力　55, 106
万有引力定数　106
ヒートポンプ　139
光　149
非接触型ICカード　276
比熱　118
百人おどし　229
平賀源内　229
ファラデー，マイケル　254
ファラデーの電磁誘導の法則　264
ファラデーモーター　251
ファラド　228
物理量　43
浮力　67
フレミング左手の法則　245

分子電流説　239
並列接続　211
ヘクトパスカル　60
ベクトル量　96
ヘルツ　147
変圧器　272
変位　155
ボイル・シャルルの法則　129
放電　227
ボルト　200

〈ま・や・ら・わ行〉

摩擦力　20
右ねじの法則　235
無重力状態　53
モーター　219, 249
モーメント　69
モーメントのつり合い　71
融解熱　122
誘導電流　260
横波　149
力学的エネルギー保存の法則　84
力積　94
リニアモーターカー　244
レーウェンフック　184
レンツの法則　263
ローレンツ力　248
惑星運動の法則　106
ワット　83, 220

N.D.C.420　284p　18cm

ブルーバックス　B-1815

大人のための高校物理復習帳
おとな　　　　　　　こうこうぶつり ふくしゅうちょう

役立つ物理の公式28

2013年5月20日　第1刷発行
2023年7月10日　第5刷発行

著者	桑子　研（くわこ けん）
発行者	鈴木章一
発行所	株式会社講談社
	〒112-8001　東京都文京区音羽2-12-21
電話	出版　03-5395-3524
	販売　03-5395-4415
	業務　03-5395-3615
印刷所	(本文表紙印刷) 株式会社KPSプロダクツ
	(カバー印刷) 信毎書籍印刷株式会社
本文データ制作	株式会社フレア
製本所	株式会社KPSプロダクツ

定価はカバーに表示してあります。
©桑子 研 2013, Printed in Japan
落丁本・乱丁本は購入書店名を明記のうえ、小社業務宛にお送りください。送料小社負担にてお取替えします。なお、この本についてのお問い合わせは、ブルーバックス宛にお願いいたします。
本書のコピー、スキャン、デジタル化等の無断複製は著作権法上での例外を除き禁じられています。本書を代行業者等の第三者に依頼してスキャンやデジタル化することはたとえ個人や家庭内の利用でも著作権法違反です。
R〈日本複製権センター委託出版物〉複写を希望される場合は、日本複製権センター (電話03-6809-1281) にご連絡ください。

ISBN978-4-06-257815-8

発刊のことば

科学をあなたのポケットに

　二十世紀最大の特色は、それが科学時代であるということです。科学は日に日に進歩を続け、止まるところを知りません。ひと昔前の夢物語もどんどん現実化しており、今やわれわれの生活のすべてが、科学によってゆり動かされているといっても過言ではないでしょう。
　そのような背景を考えれば、学者や学生はもちろん、産業人も、セールスマンも、ジャーナリストも、家庭の主婦も、みんなが科学を知らなければ、時代の流れに逆らうことになるでしょう。
　ブルーバックス発刊の意義と必然性はそこにあります。このシリーズは、読む人に科学的に物を考える習慣と、科学的に物を見る目を養っていただくことを最大の目標にしています。そのためには、単に原理や法則の解説に終始するのではなくて、政治や経済など、社会科学や人文科学にも関連させて、広い視野から問題を追究していきます。科学はむずかしいという先入観を改める表現と構成、それも類書にないブルーバックスの特色であると信じます。

一九六三年九月

野間省一

ブルーバックス　物理学関係書(I)

79	相対性理論の世界	J・A・コールマン　中村誠太郎 訳
563	電磁波とはなにか	後藤尚久
584	10歳からの相対性理論	都筑卓司
733	紙ヒコーキで知る飛行の原理	小林昭夫
911	電気とはなにか	室岡義広
1012	量子力学が語る世界像	和田純夫
1084	図解　わかる電子回路	高橋尚久志
1128	原子爆弾	山田克哉
1150	音のなんでも小事典	日本音響学会 編
1174	消えた反物質	小林 誠
1205	クォーク 第2版	南部陽一郎
1251	心は量子で語れるか	ロジャー・ペンローズ／N・カートライト／S・ホーキング　中村和幸 訳
1259	「場」とはなんだろう	竹内 薫
1310	いやでも物理が面白くなる	志村史夫
1324	実践　量子化学入門 CD-ROM付	平山令明
1375	四次元の世界（新装版）	都筑卓司
1380	量子力学でわかるマクスウェル方程式	竹内 淳
1383	高校数学でわかるマクスウェル方程式	竹内 淳
1384	マクスウェルの悪魔（新装版）	都筑卓司
1385	不確定性原理（新装版）	都筑卓司
1390	光と色彩の科学	齋藤勝裕
1394	インフレーション宇宙論	佐藤勝彦
1415	量子重力理論とはなにか	竹内 淳
1444	高校数学でわかるフーリエ変換	竹内 淳
1452	量子テレポテーション	古澤 明
1469	新・物理学事典	和田純夫 編
1470	プリンキピアを読む	和田純夫
1483	高校数学で理解する化学反応のしくみ	平山令明
1487	マンガ　物理に強くなる	関口知彦 原作／鈴木みそ 漫画
1509	電磁気学のABC（新装版）	福島 肇
1569	新しい高校物理の教科書	山本明利／左巻健男 編著
1583	ホーキング　虚時間の宇宙	竹内 薫
1605	新しい物性物理	伊達宗行
1620	高校数学でわかるシュレディンガー方程式	竹内 淳
1638	量子コンピュータ	竹内繁樹
1642	流れのふしぎ	石綿良三／根本光正 著　日本機械学会 編
1648	超ひも理論とはなにか	竹内 薫
1657	量子力学のからくり	山田克哉
1675	ニュートリノ天体物理学入門	小柴昌俊
1697	熱とはなんだろう	竹内 薫
1701	光と色彩の科学	

ブルーバックス　物理学関係書(II)

番号	タイトル	著者
1715	量子もつれとは何か	古澤 明
1716	「余剰次元」と逆二乗則の破れ	村田次郎
1720	傑作！　物理パズル50	ポール・G・ヒューイット"作　松森靖夫"編訳
1728	ゼロからわかるブラックホール	大須賀 健
1731	宇宙は本当にひとつなのか	村山 斉
1738	物理数学の直観的方法（普及版）	長沼伸一郎
1776	現代素粒子物語	中嶋 彰/KEK"協力
1780	オリンピックに勝つ物理学	望月 修
1798	ヒッグス粒子の発見	イアン・サンプル　上原昌子"訳
1799	宇宙になぜ我々が存在するのか	村山 斉
1803	高校数学でわかる相対性理論	竹内 淳
1809	物理がわかる実例計算101選	クリフォード・スワルツ　園田英徳"訳
1815	大人のための高校物理復習帳	桑子 研
1827	大栗先生の超弦理論入門	大栗博司
1836	真空のからくり	山田克哉
1848	今さら聞けない科学の常識3	朝日新聞科学医療部"編
1852	物理のアタマで考えよう！	ジョー・ヘルマンス　村岡克紀"訳、解説
1856	量子的世界像　101の新知識	ケネス・フォード　青木 薫"監訳　塩原通緒"訳
1860	発展コラム式　中学理科の教科書　改訂版　物理・化学編	滝川洋二"編
1867	高校数学でわかる流体力学	竹内 淳
1871	アンテナの仕組み	小暮裕明/小暮芳江
1894	エントロピーをめぐる冒険	鈴木 炎
1899	マンガ　おはなし物理学史	ロジャー・G・ニュートン　東辻千枝子"訳
1905	あっと驚く科学の数字　数から科学を読む研究会	
1912	光と重力　ニュートンとアインシュタインが考えたこと	小山慶太
1924	マンガ	佐々木ケン"漫画　保坂直紀
1930	謎解き・津波と波浪の物理	保坂直紀
1932	天野先生の「青色LEDの世界」	天野 浩/福田大展
1937	輪廻する宇宙	横山順一
1939	灯台の光はなぜ遠くまで届くのか	テレサ・レヴィット　岡田好惠"訳
1940	すごいぞ！　身のまわりの表面科学	日本表面科学会
1960	超対称性理論とは何か	小林富雄
1961	曲線の秘密	松下泰雄
1970	高校数学でわかる光とレンズ	竹内 淳
1975	マンガ現代物理学を築いた巨人　ニールス・ボーアの量子論	ジム・オッタヴィアニ"原作　リーランド・パーヴィス"漫画　今枝麻子"訳　園田英徳"監修
1981	宇宙は「もつれ」でできている	ルイーザ・ギルダー　山田克哉"監訳　窪田恭子"訳